开启
创意之门

AIGC
创作一本通

吕森林 等著

人民邮电出版社

北　京

图书在版编目（ＣＩＰ）数据

开启创意之门：AIGC创作一本通 / 吕森林等著. --
北京 : 人民邮电出版社，2024.8
ISBN 978-7-115-64394-0

Ⅰ. ①开… Ⅱ. ①吕… Ⅲ. ①人工智能 Ⅳ.
①TP18

中国国家版本馆CIP数据核字(2024)第 093691 号

内 容 提 要

AIGC（人工智能生成内容）的兴起使大量低成本的构思、设计的实现和精美的演示文稿、图片、视频、动画的制作成为可能。现在互联网上出现了不少由 AIGC 技术生成的高质量内容，如生活、哲理、心理、知识、技能类短视频，得到了观众的高度认可。

本书是为致力于创作高质量内容的读者而精心编写的，以系统化、结构化的思维，将策划和制作高质量内容的知识、技能和工具有组织、有条理地编写出来，供读者学习。

本书适合想要创作高质量、有品位的互联网内容创作者（图片生成、短视频制作等）阅读，也适合热衷传播知识和技能的知识工作者（知识付费、课件制作等）阅读。

◆ 著　　　吕森林　等

　　责任编辑　单瑞婷

　　责任印制　王　郁　马振武

◆ 人民邮电出版社出版发行　　北京市丰台区成寿寺路 11 号

　　邮编　100164　电子邮件　315@ptpress.com.cn

　　网址　https://www.ptpress.com.cn

　　涿州市般润文化传播有限公司印刷

◆ 开本：720×960　1/16

　　印张：13.5　　　　　　2024 年 8 月第 1 版

　　字数：153 千字　　　2025 年 1 月河北第 3 次印刷

定价：89.80 元

读者服务热线：(010)81055410　印装质量热线：(010)81055316
反盗版热线：(010)81055315
广告经营许可证：京东市监广登字 20170147 号

致谢

在编写本书的过程中，得到了汪晓东先生的大力支持，他对稿件提出了诸多宝贵意见，特此致谢！

在本书的出版过程中，得到了北京教育信息化产业联盟的鼎力相助。北京教育信息化产业联盟成立于2013年，是经北京市民政局批准成立的"国内教育信息化科技类社会团体"和"国内教育信息化非营利性社会组织"，由学科网等70余家教育信息化企业发起成立。北京教育信息化产业联盟致力于教育信息化产学研单位之间的交流、合作，在全国范围内普及先进的教育信息化理念、技术和产品，组织专家开展教育信息化相关咨询与培训等。在此，对北京教育信息化产业联盟表示诚挚的感谢！

作者简介

吕森林，北京教育信息化产业联盟副理事长，AIGC 应用专家。主要从事计算机教育、数字化教学资源开发等工作，拥有 20 多年信息化行业经验，曾为多所院校、企业和机构提供培训及咨询服务。擅长撰写互联网及科技类产业分析文章，曾在互联网媒体发表文章 300 余篇，并接受百余家媒体采访。先后编写并出版了 7 部专著，如《在线教育微课修炼之道》《2016—2017 中国互联网教育行业蓝皮书》《玩转互联网教育》等，累计 170 余万字。

董杨，资深课程开发师，拥有 15 年从业经验，专注于知识可视化呈现和 AI 产品用户体验。曾实测 300 多款 AI 产品，对当前主流 AI 产品的应用拥有丰富经验。参与编写 2 部著作，开发 10 余套教育、科技领域的教材与视频课程。先后为济南科技学校、山东现代物业管理专修学院有限公司、山东万智教育科技集团有限公司等多家院校和机构提供 AIGC 应用培训服务。

郁苗，北京素履咨询有限公司创始人，拥有 20 多年的互联网教育产业与管理咨询经验。曾荣获"AI 在线教育大会 2020"教育投资伯乐奖，并担任近百场行业峰会、论坛及交流会的演讲嘉宾。曾接受 10 余家行业或财经类头部媒体的采访，就政策解读、行业趋势、企业发展机遇等方面分享见解。

梁翎，北京看山科技有限公司创始人，AIGC 艺术的早期探索者，具备 10 多年数字内容行业从业经验及 20 年设计团队领导经验。擅长整合各类 AI 工具，在 Midjourney、Stable Diffusion 等 AI 绘画平台创作的作品数量已逾十万张。著有《Midjourney AI 绘画从入门到精通》等多部 AIGC 领域著作。

　　众所周知，蒸汽机的发明引发了第一次工业革命，电气技术的突破引发了第二次工业革命，半导体、计算机、互联网的发明催生了第三次工业革命。而当下以人工智能（Artificial Intelligence，AI）为代表的技术革命又拉开了第四次工业革命的序幕。

　　这场工业革命的核心是智能化，并正以前所未有的态势席卷全球，发展速度快、范围广、程度深，比起前三次工业革命有过之而无不及。

　　作为 AI 领域中的先行力量，人工智能生成内容（Artificial Intelligence Generated Content，AIGC）利用人工智能技术来生成数字内容，如自动生成文本、图像、演示文稿、音频、视频、代码、多模态等形式的数字内容。

　　AIGC 正在迅速改变数字内容的创作方式与传播途径。由于数字内容的创作成本和门槛急剧降低，互联网上出现了大量由 AI 生成的文章、图片、短视频、代码等内容。AIGC 不仅提升了内容生产的效率，还激发了人类无尽的创造力——每个人都可以成为创作者，每位创作者都可以借助 AIGC 的力量，将自己的想象变为现实。

　　本书旨在引领读者走进 AIGC 的神奇世界，并通过系统化的学习掌握各种强大的 AIGC 工具，释放自己的创意潜能，开启全新的创意之旅。

　　互联网上出现了各类 AI 应用，其中不乏一些华而不实、徒有其表的产品。作者在全面研究了 500 多款 AI 应用之后，在本书中精心收录了数十款对内容创作有明显提升效果的优质平台和工具，包括 AI 绘画、文案创作、演示文稿制作、语音合成、短视频创作、批量处理工具、数字分身等。本书内容实用、翔实，是内容创作者的实用指南，读者可搜索"跟吕老师学 AI"微信视频号，获取更多实时工具资讯。

　　本书并不涉及深奥晦涩的技术理论，而是讲解各类实用 AI 工具，适合各类内容创作者阅读。无论你是编辑、记者、平面设计师、教师，还是短视频创作者、课件制作师、教学设计师等，或是对 AIGC 充满好奇的探索者，本书都将为你开启一扇通往无限可能的创意之门。

现在，让我们一起启程去探索 AIGC 的奇妙世界，创造属于自己的精彩作品吧！

资源与支持

■ 资源获取

本书提供如下资源：

- 本书配套视频；
- 本书思维导图；
- 异步社区 7 天 VIP 会员。

要获得以上资源，您可以扫描右侧二维码，根据指引领取。

■ 提交勘误

作者和编辑尽最大努力来确保书中内容的准确性，但难免会存在疏漏。欢迎您将发现的问题反馈给我们，帮助我们提升图书的质量。

当您发现错误时，请登录异步社区（https://www.epubit.com），按书名搜索，进入本书页面，单击"发表勘误"，输入勘误信息，单击"提交勘误"按钮即可（见右图）。本书的作者和编辑会对您提交的勘误进行审核，确认并接受后，您将获赠异步社区的 100 积分。积分可用于在异步社区兑换优惠券、样书或奖品。

与我们联系

我们的联系邮箱是 shanruiting@ptpress.com.cn。

如果您对本书有任何疑问或建议，请您发邮件给我们，并请在邮件标题中注明本书书名，以便我们更高效地做出反馈。

如果您有兴趣出版图书、录制教学视频，或者参与图书翻译、技术审校等工作，可以发邮件给我们。

如果您所在的学校、培训机构或企业想批量购买本书或异步社区出版的其他图书，也可以发邮件给我们。

如果您在网上发现有针对异步社区出品图书的各种形式的盗版行为，包括对图书全部或部分内容的非授权传播，请您将怀疑有侵权行为的链接发邮件给我们。您的这一举动是对作者权益的保护，也是我们持续为您提供有价值的内容的动力之源。

关于异步社区和异步图书

"异步社区"（www.epubit.com）是由人民邮电出版社创办的 IT 专业图书社区，于 2015 年 8 月上线运营，致力于优质内容的出版和分享，为读者提供高品质的学习内容，为作译者提供专业的出版服务，实现作者与读者在线交流互动，以及传统出版与数字出版的融合发展。

"异步图书"是异步社区策划出版的精品 IT 图书的品牌，依托于人民邮电出版社在计算机图书领域多年的发展与积淀。异步图书面向 IT 行业以及各行业使用 IT 技术的用户。

目录

第一章

AIGC 带来的技术革命

第一节　AIGC 开始进入井喷期

　　每隔一段时间就会有一种新的技术或者概念掀起一阵热潮。前几年，这些热潮的主角是互联网、移动通信、社交媒体或者大数据。近几年，没有哪一种技术能像人工智能（AI）这样风靡全球，成为各行各业关注的热点，而人工智能生成内容（AIGC）又是 AI 热点中的热点。

一、什么是"AIGC"？

　　近几年互联网上流行的最火爆的"黑科技"就是 AIGC。那么什么是 AIGC 呢？AIGC 是英文"Artificial Intelligence Generated Content"的缩写，意为"人工智能生成内容"，具体来说，就是指由人工智能自动生成数字化内容，这涵盖了图片、文章、声音、视频等多种形式。此外，AI 还能进行交互式问答等交互式操作。

　　经过人工智能专家多年的努力研发，AI 由原来的"人工智障"摇身一变，似乎拥有了以前只有人才具有的智能：会话能力、理解能力、绘画能力，以及创作视频的能力等。

　　有了这些智能的"加持"，AI 就能接收人类下达的生成内容的指令，按照人类的要求生成指定的内容，这就是 AIGC 的魅力所在。

二、AIGC 浪潮风靡全球

　　AIGC 的出现开启了全新的数字内容创作时代，为创作者们带来了无尽的可能性：AIGC 可以生成各种数字内容，包括文章、图片、音乐，甚至是视频、二维动画或三维动画，而且效果接近甚至超过人类的创作。

　　例如，在文生图网站中输入"一只长着翅膀飞翔的老虎"，等 1～2 分钟，AI 就可以生成图 1-1 所示的图片。图片中长着翅膀的老虎动感十足，形象逼真，透视也非常准确，完全达到甚至超过了一般画师的水准。

图 1-1　AIGC 绘画作品

三、从 UGC 到 PGC，再到 AIGC，内容创作掀起革命

在 AIGC 取得突破之前，互联网上的内容一般是 UGC、PGC 模式。UGC 即"用户生成内容"，PGC 意为"专业生成内容"。

近几年，随着 AI 的发展，由 AI 生成的内容（AIGC）迅速增多，越来越多的高质量内容不断涌现。我们正在见证人类社会内容创作方式的巨大变革，全球内容创作行业从此进入了 AIGC 时代。因此把 AIGC 称为"数字内容的技术革命"一点也不夸张，事实也正是如此。

四、AI 将催生崭新的"AI 驱动型"企业和个人

乔布斯在 2007 年推出的 iPhone 无疑是智能手机领域的一款革命性产品，它极大地推动了智能手机的发展和普及。

如今 AI 取得的突破性进展正如同当年的 iPhone 一样，AI 成为人类科技发展史上的一个重要里程碑。随着 AI 的语言理解能力、逻辑处理能力、记忆能力以及绘画、生成视频等专项技能的提升，人类社会正在迎来一次新的技术革命。

AI 技术广泛应用于各个领域。就像是一场大型的赛马比赛，那些拥有先进技术和资源的企业和个人就像是骑着千里马的骑手，他们能够更快地到达终点，获得更多的机会和回报。

这些领先者因为具有更多的数据、更强的计算能力和更好的算法，能够更好地训练和优化他们的 AI 系统，从而进一步提高他们的市场竞争力。他们可以利用 AI 技术来提高生产效率、降低成本、创造新的产品和服务，吸引更多的客户和资源。

相比之下，那些没有足够技术和资源的企业和个人就像是骑着普通马的骑手，他们可能会被远远甩在后面，难以与领先者竞争。他们可能无法承担高昂的研发成本，也无法获得足够的数据来训练和优化他们的 AI 系统，这导致他们的产品和服务质量无法与领先者相媲美。

AI 在企业的深度应用使得"人机合一"的现象（见图 1-2）越来越普遍，这一现象是人类社会前所未见的。人机合一会使一些中小企业的业务收益大大增长，因为他们能够利用 AI 技

图 1-2　"人机合一"现象

术成倍甚至数十倍、数百倍地提高生产效率，同时 AI 的引入也极大地降低了企业的运营成本。

对创新型企业来说，他们更容易利用 AI 技术实现产品、技术、营销上的创新和突破，从而引发全新的新旧更替现象。

在这个科技飞速发展的时代，AI 不仅正在改变我们生活和工作的方式，更在催生着一批崭新的"AI 驱动型"企业和个人。他们如同勇敢的探索者，不畏未知，积极拥抱变革，将 AI 技术融入各个领域，开启了一段前所未有的创新之旅。我们有理由相信，随着 AI 技术的不断成熟和普及，未来的企业和个人将更加依赖 AI 来驱动发展，实现更加高效、智能和可持续的未来。

五、AI "人机合一" 使企业和个人获得更高收益

AI 的出现揭示了人类智慧的无限可能。AI 就像是人类思维的明镜，映照出我们无法想象的创新和突破。

AI 最先在艺术领域崭露头角。通过学习大量的艺术作品，AI 可以创作出令人惊叹的绘画作品。它就像是一位才华横溢的艺术家，为我们展现了人类智慧的新境界。

在医疗领域，AI 正在为疾病的诊断和治疗带来革命性的变化。通过学习大量的医疗数据，AI 可以帮助医生更准确地诊断疾病，或制定更个性化的治疗方案。它就像是一位经验丰富的专家，为患者带来了新的希望。

AI 的出现无疑是人类智慧的又一次伟大飞跃。它就像一位无声的艺术家，以人类智慧为颜料，绘制出一幅幅令人惊叹的画卷。

AI 的快速发展也引发了一些担忧。有人担心 AI 会取代人类的工作，有人担心 AI 会对人类造成极大的威胁。但正如历史上的每一次技术革命一样，AI 的出现也将推动人类社会的进步。

学习 AI、运用 AI、开发 AI、与 AI 共同成长成为 AI 革命时代企业和个人的必然选择。本书为 AIGC 的普及应用型图书，目标是帮助读者更有效、更快捷地学习 AIGC 的精髓，极大地提升企业和个人的效能，使企业和个人获得更高收益。

■ 第二节　AIGC 可以做什么？

AIGC 可以生成各种类型的内容，目前主要应用场景非常多，几乎覆盖所有

的行业和领域。这里笔者为读者列出几个 AIGC 应用场景和领域。

一、AI 绘画

运用 AIGC，直接输入文字即可生成逼真的图片。这个操作被称为"文生图"，也可以被称为"AI 绘画"。这极大地扩展了设计、娱乐和广告等领域的创意空间。

使用 AIGC，任何人只要输入指定的文字指令和描述，就能轻松生成需要的图片，这些图片包括图书插图、人物肖像、服装设计、平面艺术作品等。

例如图 1-3 中不同风格的图片就是由 AIGC 生成的。AIGC 可以生成各种艺术风格的图片，而且随着风格的叠加，产生了以前从来没有过的新风格。这些新风格不仅震撼了普通观众，也震撼了艺术家的心灵。

图 1-3　使用 AIGC 可以轻松生成各种精美绘画作品

二、辅助文案创作

随着生成式预训练模型（Generative Pre-trained Transformer，GPT）的不断完善，AI 的文案生成能力也不断增强，可以生成连贯的文章、故事和诗歌。AIGC 可以帮助写作者和内容创作者提高写作效率和质量，例如自动生成文章大纲和内容、梳理写作思路、提供关键词和语义建议等。

例如想要写一篇关于冰雕的抒情散文，那么只要打开 GPT 网站，在会话框中输入"写一篇关于冰雕的抒情散文"，那么 AI 将很快生成以下内容。

《冰魂雪韵：冰雕之美与文化内涵》

在遥远的北方，有一种艺术形式，它以冰为材料，以刀为工具，创造出了一个个晶莹剔透、美轮美奂的艺术品，那就是冰雕。

冰雕是北方冬季特有的景观。每到寒冬时节，北方的大街小巷、公园广场都会被一座座冰雕装点得如同童话世界一般。那些冰雕艺术品，有的高达数米，有的小巧玲珑，有的栩栩如生，有的抽象夸张，有的色彩斑斓，有的洁白如玉，让人仿佛置身于一个梦幻的冰雪王国。

冰雕的制作过程并不简单，需要经过精心的设计、切割、雕刻、打磨等多道工序。冰雕师傅们用他们的智慧和技巧，将一块块平凡无奇的冰块变成了一件件精美的艺术品。他们用刀在冰上轻轻划过，留下的痕迹仿佛是艺术家的笔触，勾勒出了一个个生动的形象。他们用灯光在冰上反射出五彩斑斓的光芒，让冰雕更加绚丽多彩。

冰雕的美丽，不仅在于它的外表，更在于它所蕴含的文化内涵。每一件冰雕作品都有它的主题和寓意，有的表现了北方的民俗风情，有的展现了历史文化，有的传达了环保理念，有的弘扬了时代精神。欣赏冰雕，就是在欣赏一种文化，一种艺术，一种生活。

我爱冰雕，爱它的晶莹剔透，爱它的美轮美奂，爱它的文化内涵。冰雕，是北方冬季的一颗璀璨明珠，是北方人民的一种精神寄托，更是北方文化的一种独特表达。

由此可见，AI 的文案生成能力相当强大。GPT 技术也可以运用在广告文案创意上，例如辅助广告创意的生成，提供多样化的文案创作和内容推荐等，是创作者提升创作效果、提高创作效率的极佳工具。

三、高效、高质量制作演示文稿或课件

以往制作演示文稿和课件需要花费大量时间，而且优质图片、视频等素材匮

乏使得课件的表现力受限。现在借助 AI，可以事半功倍，而且能极大提升演示文稿和课件给人的感官体验。

AIGC 可以根据用户输入的关键词或主题自动生成相关的文本、图片和图表等内容。例如要做一个介绍李清照诗词的课件，可以用 AI 生成一张李清照的图片，再结合古香古色的演示文稿模块，让观众有身临其境的感觉，如图 1-4 所示。

图 1-4　在课件中加入 AI 图片

随着 AI 技术的不断演进，将来的商业展示演示文稿很可能基于 VR 或裸眼 3D 技术，AI 会根据需要生成极具视觉冲击力的演示文稿，从而给观众留下极为深刻的印象，那时演示文稿不再只是二维的，还可以具备令人震撼的视听效果。

四、AI 实时新闻播报

在媒体领域，AIGC 主要用于新闻自动化生成。例如通过训练新闻模型，AIGC 能够根据输入的数据自动生成实时的新闻报道、广告文案和社交媒体帖子等。

这种应用极大地提高了新闻报道写作的效率。例如现在不少金融媒体利用 AIGC，根据股市数据自动生成每日股市新闻报道，并通过 AI 主播进行实时播报，这大大提高了报道的及时性和准确性，如图 1-5 所示。

图 1-5 展示了万彩虚拟人进行新闻播报的界面。只要输入文字，就能生成相应的音频或视频。虚拟人的播报效果十分生动，虚拟人的头可以自然晃动，虚拟人还可以眨眼，与真人播报相差无几。

图 1-5　虚拟人进行新闻播报

五、语音合成

AIGC 可以实现自然、流畅的语音合成，通过深度学习模型将文本转换为比较自然流畅的声音。这项技术被称为"文本转语音"（TTS）技术，其操作界面如图 1-6 所示。

图 1-6　TTS 技术操作界面

目前 TTS 技术趋于成熟，已经广泛应用于语音助手、有声读物、短视频广播、新闻播报等领域。抖音、快手等短视频 App 里每天都有大量由 AI 生成的语音播报类短视频。观众在看到这类视频时，会对其中的声音产生似曾相识的感觉，其实这些都是 TTS 技术的产物，而不是真人配音。

此外，TTS 在自动回答问题、智能客服、智能对话等场景中有广泛应用，例如中国移动、中国电信的 AI 客服都采用了基于 TTS 技术的智能对话 AI 系统。

六、数据分析和预测

AIGC 可以用于处理大量的数据，并能提供有用的洞察和预测。在咨询行业、金融行业以及市场营销、医疗和科学研究等领域，AIGC 可以自动分析数据并生成分析报告，甚至可以做出预测模型。

七、智能化设计产品

在设计领域，AIGC 能用于自动化生成和设计产品。例如 AIGC 能够快速生成各种令人惊叹的艺术品和工业品设计方案，可以广泛地应用在建筑设计、服装设计、工业品设计、艺术品设计等领域，如图 1-7 所示。

图 1-7 用 AIGC 可生成极佳的服装或艺术品设计

同时，设计师还可以利用 AIGC 进行设计优化和创新，以非常快的速度设计出更美观和更具创意的建筑设计方案和室内设计方案，给客户带来更为惊艳的效果。

八、虚拟现实（VR）和游戏开发

运用 AIGC 技术可以迅速生成虚拟世界中的角色、场景和故事情节等，为虚拟现实和游戏提供更丰富的体验。例如 AIGC 可以自动生成虚拟角色的对话和动作，增强游戏的交互性和沉浸感。此外，AIGC 还可以生成虚拟现实中的人物、景观和建筑，为用户提供更为逼真的虚拟现实体验，如图 1-8 所示。

图 1-8 AIGC 可生成虚拟现实中的人物、景观和建筑

九、AI 转译

AI 的知识来自互联网的大量数据，通过大量语言信息的训练，它发现了人类语言的一些"规则"。这使得 GPT 在翻译方面比以往我们使用的绝大多数翻译工具更加准确，并且可以翻译多种语言，实现了任意语言之间的转译。这个场景以前只有在科幻片中才能看到，而现在已经成为现实。

十、提高编程效率

GPT 可以快速生成一些常用代码，并对代码进行优化，能大大提升程序员的编程效率，让程序员的工作更为轻松，如图 1-9 所示。现在 AI 能写出简单的程序和软件，预计在将来能够胜任高级软件工程师的工作。

图 1-9　AI 显著提高编程效率

十一、智能化营销

对营销人员来说，AIGC 可以辅助他们进行广告创意设计和营销策略制定。例如 AIGC 可以根据营销人员的要求自动生成广告语、广告海报、营销活动方案、品牌标识等内容，如图 1-10 所示。营销人员可以对这些创意内容进行选择和修改，从而更快地找到最佳的营销方案。

同时，AIGC 还可以帮助营销人员将一些日常任务完全自动化，如市场调研、数据整理等，使营销人员可以更加专注于营销策略的创新和执行。

AI 现在在创意设计、广告投放等方面对市场营销产生了巨大的影响。现在由 AI 驱动的企业营销已经出现，未来 AI 起的作用会越来越大。

图 1-10　AI 自动生成品牌标识

十二、智能化客户服务

AIGC 也可以应用于客户服务，AI 就像是一个聪明而高效的智能助手，能够与客户进行交互并为他们提供帮助。它可以通过自然语言处理理解客户的问题和需求，并可以利用机器学习算法和庞大的知识与信息库提供准确和有用的答案。

训练后的 AI 系统就像是一位经验丰富的客户服务专家，能够快速而准确地回答客户的问题，也能理解客户的语言和情感。

AIGC 可扩展应用于客户业务的自动化处理流程和自助服务中。它可以通过智能聊天机器人或语音助手来处理常见问题，提供 24 小时的在线支持，能大大减轻客服团队的工作负担。

十三、AIGC 催生的新兴职业

AIGC 作为一种新兴技术革命，其发展对社会和职业结构产生了深远影响，一方面正在淘汰一些传统工作岗位，另一方面也催生了众多新兴职业。

1. AIGC 艺术家

AIGC 艺术家的创作领域已不局限于绘画，他们在音乐、影视等数字领域同样展现出了极高的创造力和影响力。在这些领域中，新兴职业（如 AI 音乐家、AI 影视艺术家等）不断涌现。另外，随着 AI 与实体制造技术的逐步融合，AI 雕塑家等新艺术家类型也应运而生。

2. 人工智能训练师

人工智能训练师是 AI 模型的教练，专注于训练和优化 AI 模型。他们提供训练数据，监督学习过程，调整模型参数以提高性能。他们在机器学习和深度学习领域有丰富的知识，对开发新的 AI 模型起关键作用。

3. 提示词工程师

在 AIGC 中，提示词是指用户输入的文本，AI 模型会根据提示词生成相应的输出内容。提示词工程师需要了解 AI 模型的工作原理和特点，以及如何设计和优化提示词以提高模型的性能和准确性。

提示词工程师是 AI 模型的"导演"，他们设计和优化语言提示，引导 AI 模型生成更好的结果。他们结合语言艺术和 AI 技术，提升 AI 理解问题、优化回答的能力，并指导 AI 生成新内容。

提示词工程师需要具备良好的语言表达能力和创造力，能够设计出简洁明了、易于理解的提示词。同时，他们还需要具备一定的编程和数据分析能力，以便对模型进行优化和改进。

由于篇幅所限，前文只罗列出了 AIGC 一小部分的应用场景和实例，实际上未来 AIGC 将无处不在。随着大量企业大举进军 AIGC，对相关技术的研发不断深入，AIGC 的功能不断提升，产品体验将更加人性化，AIGC 将在更多领域展现其巨大的应用价值，对整个人类社会产生不可估量的影响。

第二章

解锁 AI 新技能的必要准备

第一节　AIGC 与高德纳技术成熟度曲线

AIGC 作为一种新兴技术，也符合高德纳技术成熟度曲线，这个曲线对于我们学习和理解 AIGC 有重要的作用。

一、什么是"高德纳技术成熟度曲线"？

高德纳技术成熟度曲线如图 2-1 所示，可以将其比喻为一座山峰，山峰的不同高度代表了不同的技术发展阶段。下面通过一些比喻和实例来解释这个曲线。

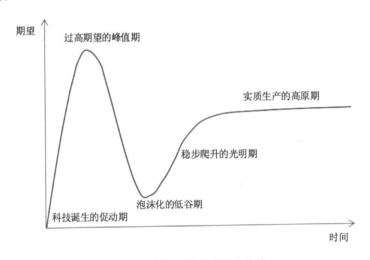

图 2-1　高德纳技术成熟度曲线

1. 科技诞生的促动期（山脚）

这个阶段相当于山峰的山脚。例如刚开始 AI 技术受到人们的一些关注，但很多人对其实际影响和应用场景并不清楚。它就像是一株刚发芽的小苗，需要时间和耐心来观察其成长。

2. 过高期望的峰值期（山顶）

这个阶段相当于山顶，技术的热度不断上升，人们对技术的期望达到顶峰。区块链技术在过去几年就经历了这个阶段。随着比特币等加密货币的火爆，区块链技术在前些年受到了广泛的关注和追捧，被寄予了过高的期望。

3. 泡沫化的低谷期（山谷）

这个阶段像是山谷，经历了上一阶段后，技术的热度和投资都大幅下降。3D 打印技术在经历了一段时间的热度后，逐渐进入了这个阶段。由于实际应用场景有限和成本问题，人们对 3D 打印技术的投资热情减退，就像山谷中的溪水，经历了上游的汹涌后，逐渐变得平静，不再是人们关注的热点。但是这个阶段并不是说 3D 打印技术没有用，而是一个回归理性的过程。

4. 稳步爬升的光明期（山腰至山顶）

这个阶段相当于从山谷重新爬升到山腰甚至山顶的过程。随着技术逐渐成熟，其实际价值和应用场景不断扩展。AI 技术目前正处于这个阶段。AI 在文字处理、图片生成、视频生成等领域的应用不断给用户带来惊喜，同时带来了巨大的商业价值，就像重新爬上山腰的登山者，度过了艰难期，前景光明。

但并非所有的 AI 技术都处于这个阶段，有些技术难度非常高，还处于科技诞生的促动期，例如 AI 生成视频技术。

5. 实质生产的高原期（山顶）

这个阶段相当于山顶，技术被广泛采用并成为主流。例如智能手机和云计算技术已经进入了这个阶段，成为人们日常生活和工作中不可或缺的一部分，并带来了巨大的经济和社会价值。

就像站在山顶俯瞰群山一样，企业在这个阶段可以享受到技术创新带来的成果和竞争优势。AI 领域正在孕育着一批现象级应用，它们将为企业带来丰厚的盈利。

二、为什么要了解高德纳技术成熟度曲线？

通过前文的比喻和实例，企业和个人可以更好地理解高德纳技术成熟度曲线的含义及其不同阶段的特点。在面对新兴的 AI 技术时，人们需要保持理性。

在科技诞生的促动期，AI 技术刚刚出现，人们对它的了解和兴趣逐渐增加。在过高期望的峰值期，AI 技术的发展速度非常快，人们对它的期望和投资热情也非常高，但随之而来的可能是用户对其的失望，因此需要理性看待。

在泡沫化的低谷期，AI 技术会遇到一些困难和挑战，发展速度减缓，人们对它的期望和投资热情也会降低。在稳步爬升的光明期，AI 技术重新开始发展，人们对它的期望和投资热情也逐渐增加。在实质生产的高原期，AI 技术趋于成熟，并被广泛应用于各个领域。

AI 是一个技术群，而不是单项技术，因此需要我们针对不同类型的 AI 技术进行个性化分析，这样就会生成多条高德纳技术成熟度曲线。AI 生成图片、AI 生成演示文稿等技术进入稳步爬升的光明期，尤其是 AI 生成图片技术，目前得到了用户的广泛认可，开始进入实质生产的高原期。

第二节　解锁 AI 新技能的心理准备

在正式开始学习之前，建议读者对学习和掌握 AIGC 有一个正确的心态，避免出现过高或过低的心理预期，从而影响对这一门新技术的学习。

一、学习 AIGC 的心态转变过程

1. 从恐惧到向往

历史上的每一次技术革命都会淘汰掉一大批劳动者，导致有些人会对 AI 产生极大的恐惧感。以线下商店和电子商务为例，电商平台的迅速崛起淘汰了许多小批发商、零售商，但部分人顺势而为，在淘宝等平台上开起了网店，做得风生水起，甚至比线下商店赚得更多。

每一次技术变革既在淘汰不能适应技术变革的人，同时也在淘汰原有的一些职业。原有的职业一旦被淘汰，就会有新的职业出现。无论有多少次社会变革，淘汰的其实只是那些不学习、不愿意与技术共同进步的人。因此保持"归零"心态，不断学习新技能是非常有必要的。

2. 从自卑到自信

有人对掌握 AIGC 这样的技术信心不足，提出疑问："我能掌握这样的高科技吗？"其实一点也不用担心。

可以用造车和开车来比喻开发 AIGC 和使用 AIGC 之间的关系。制造汽车需要汽车设计师、工程师等各种专业技术人员的共同努力，最终在各种机器人、自动化生成线等高科技装备的条件下才能把汽车造出来。

而开汽车只需要坐在驾驶座上，按照交通规则来驾驶。你不需要了解汽车的制造过程，只需要掌握如何操作汽车即可。本书面向的读者是"驾驶汽车"的群体，而不是"制造汽车"的专业技术人员。

同理，开发 AIGC 需要专业的技术人员，需要极为复杂的专业技能，同时需

要投入大量的时间和精力。而使用 AIGC 则跟学开车有异曲同工之妙，只需要不断练习，就能通过驾照考试，最终完全驾驭汽车。因此学会使用 AIGC 以后，工作会相对轻松而便捷。

3. 从不屑到谦卑

很多人在刚接触 AIGC 时有一种不屑一顾的心态，就像是一个骄傲的登山者，站在山脚下看着高耸入云的山峰，自大地认为自己可以轻松地征服这座山峰。

他们可能会对那些花了很多时间努力学习和探索 AIGC 的人嗤之以鼻，认为这些人太笨了，不懂得如何快速掌握这门技术。而真正学习 AIGC 的时候，才发现它并不像想象的那样容易——AIGC 并不总是能输出自己想要的高质量、高水平的内容。

产生这种不屑心态往往是因为对 AIGC 不够了解或缺乏经验。所以对刚接触 AIGC 的人来说，最好的方法是保持开放、谦卑的心态，不断尝试学习和了解这门技术，不断提升自己与 AIGC "配合"的默契程度。只有通过大量实践，我们才能真正体会到 AIGC 的乐趣，以及它给我们带来的无限可能性。

4. 从急于求成到从容不迫

学习 AIGC 就像是在攀登一座高山，有时候你会感到力不从心，想要一步登顶——迅速掌握它，这是不可能的。就像你不能直接从山脚下跳到山顶一样，你需要一步一步地往上爬才能到达山顶。AIGC 虽然不算什么难度极高的技术，但也需要循序渐进地学习，逐步掌握。

学习 AIGC 也像是在烹饪一道美食，你需要按照食谱一步一步地操作，不能急于求成。如果急于求成，就像是在烹饪时火候过大，导致食物被烧焦。过于着急，会使 AIGC 产生的内容质量大幅下降，达不到预期的效果。

因此，学习 AIGC 时需要保持耐心和冷静，不要急于求成。就像爬山、烹饪和驾驶一样，需要一步一步来，才能达到掌握 AIGC 技能的目标。

二、学习 AIGC 的正确心态

在尝试"解锁"AIGC 新技能时，做好以下心理准备会有所帮助。

1. 不要相信"AI 万能论"

这几年在互联网上有许多"AI 如何如何强大"的说法，例如"用 AI 一键生成'爆款'10 万 + 文章""AIGC 一夜'干掉'所有美工"等。

这些片面之词使得我们在学习 AIGC 前，对 AI 产生了不切实际的过高期望：AI 无所不能，只要我用上 AIGC，就能迅速生成我需要的文章、图片、视频等。

但是当我们真正开始使用 AIGC 时，却发现它只能做一小部分工作，生成的文章并不理想，生成的图片有瑕疵……这是因为有人忽略了 AI 与人之间需要相互配合的事实，只有人与 AI 共同协作才能发挥 AI 的价值，如图 2-2 所示。

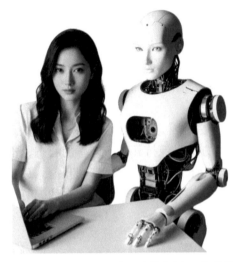

图 2-2　人与 AI 共同协作才能发挥 AI 的价值

在学习 AIGC 时，我们需要保持理性和冷静，不要被这些夸大之辞所迷惑。在对 AIGC 进行深入的研究和分析，并亲自体验后，才能理解它的优势和劣势。

2. 不要急于下"AI 中看不中用"的结论

关于 AIGC 的夸大之辞还有"AIGC 将取代人类劳动力，人类将为 AI 打工""AIGC 可以解决所有的问题"等。这些夸大之辞可能会误导我们，对现阶段 AIGC 的功能存在不切实际的幻想。

受互联网上对 AI 的一些虚假宣传的影响，我们在试用各种 AIGC 产品之前就对其产生了极高的期望，在效果达不到预期时就会产生"AI 中看不中用"的想法。而实际上大部分人对 AIGC 的了解是很片面的，所以不应该急于下结论。

AIGC 是 AI 生成内容技术的统称，而 ChatGPT 只是 AIGC 的一个技术平台。一家公司通常只能开发出一种或几种 AIGC 技术。因此，我们需要根据自己的需求和实际情况确定自己最感兴趣的 AIGC 应用场景，然后对相关产品进行了解和使用。

3. 保持开放和学习的心态

在学习过程中需要接受 AIGC 技术，并将其视为一种提升自身能力的强大工具，而不是对个人职业的强大威胁。

只要运用得当，AIGC 可以提高工作的效率和效果，同时也可以为我们提供更多的发展机会和无限可能性。

AIGC 技术在不断发展变化，我们需要具备适应性和灵活性，愿意学习新的技能和方法，以应对不断变化的工作环境和技术要求。

4. 多倾听专业人士的观点

AIGC 的产品不断涌现，令人眼花缭乱、目不暇接，其中不乏优秀的产品，但是也出现了大量的用户体验差、技术开发不到位的产品，使用这些产品会浪费大量的时间。此时应该多倾听在 AIGC 方面有深入研究的专业人士的观点，而不要轻信他人的道听途说。

5. 保持谨慎、乐观的态度

笔者花了大量的精力体验了大量的 AIGC 相关新技术和新产品，总体感觉它们在智能生成图片领域的表现是非常令人满意的，但在智能生成文案的领域还存在不足。通过图片生成口播视频以及语音合成技术趋于成熟，这些都是可以应用到实际工作中的成熟技术。

随着技术的不断发展，其他类型的产品和技术在用户体验方面逐步成熟，人们应对 AI 的具体表现持谨慎、乐观的态度，应避免产生过高预期，也应避免过于忽视 AI 的作用。

第三节 解锁 AIGC 新技能的硬件和软件环境要求

经过之前的学习，我们马上就要正式开始学习 AIGC 了。在正式开始之前，请准备好硬件和相关软件。下面列举相关的硬件环境和软件环境要求，供读者参考。

一、硬件环境

AIGC 的应用场景不同，所需的硬件环境也不同。如果不需要在本地计算机训练自己的模型，或者处理大量的视频资源，普通个人计算机即可满足 AIGC 的学习要求。

1. 计算机

学习 AIGC 技能需要一台个人计算机、台式机或笔记本计算机均可。为了确保高效且稳定的操作体验，尤其是在使用剪映之类的视频编辑软件或者处理本地视频时，建议读者使用性能较好的计算机。

2. 显卡

如果读者使用的是在线 AIGC 服务，就不需要太好的显卡，因为海量运算都在服务端完成，客户端只是起到接收、显示和存储的作用。

然而，如果读者要深度学习 AIGC 绘图，尤其是在本地使用 Stable Diffusion 这样的开源 AI 平台，就需要一个较好的显卡（显存大小在 8 GB 以上），以支持图形处理和深度学习等功能。

3. 内存

在运行那些涉及较多本地处理任务的 AIGC 软件时，必须确保计算机配备足够的内存，建议读者使用至少 8 GB 的内存，16 GB 更佳。如果读者只需要进行线上文字生成或图片生成，就不需要太大的内存。

4. 大容量硬盘

AIGC 会占用大量的空间，学习使用 AIGC 绘图和生成视频时更是如此，因此需要足够的硬盘空间，建议准备至少 1 TB 的硬盘空间，大容量固态盘的性能最理想。

5. 网络设备

学习 AIGC 技能需要良好的网络，以保证能够顺利下载大量数据，或在线做模型训练。现在宽带网络已基本普及，普通家用网络带宽基本能满足要求。

二、软件环境

本书的定位为"提高读者的 AIGC 应用技能"，并不涉及复杂的编程，因此并不需要复杂的软件环境，普通的操作系统和应用软件就可以完成本书的学习。在学习过程中，需要具备以下工具。

1. 在线 AIGC 服务

目前流行的 AIGC 工具基本上都提供了浏览器访问的方式，有图形界面，支持可视化操作，用户无须掌握编程知识即可使用，我们可以通过简单的输入文字或鼠标操作来生成文本、图片、音频等内容。

使用在线 AIGC 服务的功能无须下载和安装软件。例如在线图片生成工具可以根据用户输入的文本描述生成逼真的图片，在线文本生成工具则可以根据用户给定的主题或关键词生成文章或故事等。

常见的 AIGC 平台和工具包括 Kimi、豆包等。文生文、文生图在很多网站或软件中都可以实现。

2. 内容创作工具

有时 AI 生成的内容需要在本地打开，利用众多的内容创作工具，例如 WPS 或 Microsoft Word 等，可以辅助 AIGC 创作。WPS 集成了丰富的辅助文字处理功能，并且提供了许多扩展功能。

在图片处理方面，可以使用功能强大的 Photoshop，WPS 自带的图片编辑器也能基本满足需求。

在声音处理方面，GoldWave 等声音处理软件可以作为辅助工具。

3. AIGC 分项技术及代表产品

表 2-1 对 AIGC 分项技术及其代表产品做了简单的整理和归纳，供读者参考。读者在试用各类 AIGC 产品时，需要对号入座，不要张冠李戴。

表 2-1　AIGC 分项技术及代表产品

AIGC 分项技术	代表产品
AI 文案 /AI 问答	Kimi、智谱 AI、腾讯混元大模型、通义、文心一言、讯飞星火等
AI 生成图片	Midjourney、Stable Diffusion、DALL-E、文心一格、AI 大作等
语音合成	VALL-E、讯飞智作、火山引擎等
图片生成口播视频	D-ID、HeyGen、Kubee、万彩 AI 等
AI 生成演示文稿	MindShow、AiPPT、ChatPPT 等

续表

AIGC 分项技术	代表产品
AI 生成视频	Dreamina、Runway、Pika 等
数字人 / 虚拟人	风平 IP 智造平台、ChaTo、XEva、讯飞智作、Hallo、D-Human、万彩 AI 等
AI 解题	ChatGPT、MathGPT 等

【注意】AIGC 可以加速创作过程，但是也会出现某些地方达不到要求的情况，例如生成的图片偶尔会有错误，读者可以通过局部重绘来修改，如果仍达不到要求，就需要手动修改或重新生成图片，不能产生"AI 无所不能"的误解。

第三章

用 AIGC 给文案插上翅膀

第一节　AIGC 助力文案写作

一、AI 为什么能写作？

AI 生成文案是一种基于深度学习的文本生成模型，其核心技术是自然语言处理（Natural Language Processing，NLP）。通过大量语料库的训练，AI 能准确学习人类语言的词汇、语法和行文风格，从而生成符合语法规则、语义恰当的文案。AI 生成的文案不仅具有可读性，而且具有生动、形象的特点。

与传统的文本生成技术相比，AI 具有更强的灵活性和创造性，可以根据用户输入的语义信息生成丰富多样的文字内容，能极大提高文字工作者的创作效率，如图 3-1 所示。

图 3-1　AI 可大幅提高文字工作者的创作效率

二、AI 生成文案的优势

AI 生成文案的应用场景非常广泛，可以进行自动创作、辅助创作和文字优化等，主要作用可以体现在以下几个方面。

1. 提高创作效率

通过自动创作和辅助创作功能，AIGC 可以大大提高创作者的创作效率，减少其在创作过程中花费的时间和精力，在不降低创作质量的前提下，AIGC 可大幅提升文案人员的产能。例如以前一天只能写 3000 字，借助 AI 则可能提升到 5000 ～ 6000 字，而且只要控制得当，质量完全有保证。

AI 非常擅长创作短篇幅的文学作品，如散文、诗歌等，因为它接受了大量文学作品的训练，所以每天创作上万字对 AI 来说也是没有问题的。

2. 扩展创作思路

AI 就像是创作者的创意伙伴，它可以为创作者提供灵感和创意，帮助他们扩展创作思路，创作出更具创意和吸引力的文案。

文案创作是一件非常"烧脑"的工作，当你遇到创作瓶颈或者缺乏灵感时，不妨向 AI 提问，也许 AI 能提供新颖的观点和想法。它就像是一个创意宝库，有着无数的创意和可能性，等待着你去挖掘。

如果你正在构思一部新的小说，但陷入了剧情发展的困境。这时你可以向 AI 寻求帮助。AI 会通过分析类似主题的小说和故事为你提供一些独特的情节线索和角色发展建议。这些建议可能是你从未想到的，能有效激发你的创作灵感，帮你突破创作瓶颈。

如果你是广告文案撰写者，正在为一个新产品撰写广告标语，你可以将产品的特点和目标受众告诉 AI，AI 会根据这些信息生成一系列有创意的广告标语和描述。这些标语可能是你之前没有想到的，能有效激发你的创作灵感，为你提供新的创作思路。

3. 优化文字

AI 不仅可以提供灵感和创意，还可以帮助创作者进行文字的优化。它可以分析文本的语法、词汇和结构，提供一些修改建议，使文字更加流畅、生动和吸引人，使你可以更加专注于创新和创作本身，因此 AI 可以大大提高文案的创作效率。

4. 扩展文案人员的能力边界

值得注意的是，以往文案人员只负责写文案，现在只要在 AI 生成图片平台正确地输入提示词，就能生成所需要的图片，这就像是为文案人员打开了一扇通向无限创意的大门，让他们的想象力得以自由驰骋：脑海中绚丽的场景、抽象的概念都能转化为逼真的图片。这为文案人员的创作提供了更多的思路。

例如要画一幅"小马过河"的图片，先进入豆包网站，单击左上角的"豆包"，在右侧文本框中输入"请为一匹红色小马在过河的文生图写提示词"，然后单击"发送"按钮，就会得到与下面类似的文本。

画面主体：一匹红色小马正在过河。

河流：河水湍急，溅起白色的水花。

小马的形象：红色的皮毛鲜亮有光泽，眼神坚定，马蹄轻踏在河边的石头边。

过河的过程：小马小心翼翼地踏入水中，水面上泛起涟漪。它的身体随着水流的冲击轻轻摆动，但它始终保持着稳定的步伐，一步一步地向对岸走去。

背景：河岸两旁是茂密的森林，绿树成荫，鸟语花香。

整体氛围：整个画面充满了生机和活力，展现了小马的勇气和决心。

再单击"图像生成"，把刚才生成的提示词输入文本框里，单击"发送"按钮。最后，读者可以选择一张合适的图片（见图 3-2）插入文章中。

图 3-2　一张合适的图片

由此可见，文案人员不再局限于文字的表达，而是能在 AI 的"加持"之下用图片配合文字更直观地传达信息，更有效地吸引读者的眼球。AI 生成图片的能力就像是文案人员的创意画笔，它能绘制出栩栩如生的图片，与文字相辅相成，使文案人员能够创作出图文并茂的文章，这极大地扩展了文案人员的能力边界。

三、AI 能生成什么样的文案?

根据难度和深度,文案可以简单地分为基础文案、中级文案、高级文案等类型。现在的 AI 技术到底能生成什么样的文案呢? 现在互联网上相关的报道都不是很全面。这里笔者把亲自使用 AI 进行创作之后的经验分享给读者。

1. 基础文案:AI 完全胜任

这类文案通常是简单明了的,使用通俗易懂的语言,适合大多数人阅读。例如,产品说明书、广告宣传语、普通新闻稿、营销文案、工作规划、工作总结等。对于这类文案,AI 可以独立生成,甚至对于诗歌、散文等文学作品,AI 也可以完全独立生成。然而,因为 AI 并不是真正的人,所以它生成的文案具有模仿性。

【提示】有些非基础文案也适合用 AI 来写,例如各种人生感悟、励志语句等,由于这类文案在互联网上有大量的成品,AI 在学习之后便可以"创作"出很多类似的文案。

2. 中级文案:AI 辅助完成

这类文案需要一定的写作技巧和专业知识,语言表达较为准确、清晰。例如,产品设计文案、技术开发方案、科技论文、合作协议等。

用 AI 辅助撰写这类文案时生成的内容质量不可控,并且中级文案需要作者具备扎实的写作能力、专业的基础知识、严谨的创意思维和综合分析能力才能顺利完成。

撰写此类文案时,可以把 AI 当作身边的助手,这个助手的能力忽高忽低,它的表现一会让你欣喜不已,一会又让你大跌眼镜,因此需要正确看待。

3. 高级文案:需要专门训练 AI

在撰写具备严格数据来源要求和行文极为严谨的文案,例如研究报告、律师辩护词等文本时,就需要作者具备高超的写作技巧和深奥的专业知识。用 AI 生成的文案只能作为参考,尤其是在引用论据、数据来源时需要特别谨慎,因为 AI 并不知道自己是否引用了错误的数据。

【注意】AI 的写作能力来自对互联网上的公开资料的训练,它掌握知识的准确程度尚不如人意,在很多情况下,它会"编造"出一些错误的知识,如果不加以识别而直接引用,就会掉进"AI 陷阱"中,因此需要特别注意。

最近公开的 AI 大模型多是"通用大模型",对深奥的专业问题尚无能为力。

各类垂直领域的 AI 大模型的开发会使用专用的数据集进行训练，将来会出现针对科学、医疗、教育、经济、金融等专业领域的 AI 垂直大模型，且可以给出可靠的数据来源。因此，读者要想用 AI 进行高级文案的创作，就需要学会专业的训练 AI 的方法。

四、主流 AI 文案网站简介

ChatGPT 目前在国内不能正常使用，但是近年来国内出现了很多 AI 文案网站，下面选取部分网站进行简要介绍。

1. Kimi

Kimi 是一款广受欢迎的 AI 智能助手，由月之暗面公司开发。除一般的 AI 文案生成和会话功能外，用户还可以发送网页链接、上传 PDF 和 Word 文档等，并通过输入提示词，让 Kimi 分析上传的文案，这一特性受到用户热烈欢迎。Kimi 的网站界面如图 3-3 所示。

图 3-3　Kimi 的网站界面

2. 豆包

豆包是由著名互联网企业字节跳动推出的 GPT 问答网站，可以用来辅助写作。它生成内容的速度比较快，还有历史记忆功能，最重要的是它目前还是免费的。豆包是笔者最常用的 AI 辅助写作网站之一。豆包网站的主页面如图 3-4 所示。

图 3-4 豆包网站的主页面

3. WPS 内置的 AI 写作功能

谈到 AI 写作，很多人都会自然而然地去找 GPT 网站或专用 AI 写作工具，其实对一般主题的写作来说，WPS 内置的 AI 写作功能也是相当不错的。

WPS AI 的调用方法非常简单：只要在 WPS 的 Word 文档界面的任意空白处按 Ctrl+J 组合键或者连续按两次 Ctrl 键，就可以把 AI 写作功能"唤醒"。然后输入想写的内容，单击右侧的箭头按钮或者按回车键，即可生成需要的文案。

可以对选中的文字内容进行"缩短篇幅""扩充篇幅""润色"等操作，其中"润色"功能又包括"口语化""更活泼""更正式"3种细分功能，如图 3-5 所示。

图 3-5 WPS AI 的润色界面

4. 秘塔写作猫

秘塔写作猫可用于续写和改写内容，支持智能排版、智能纠错、查重等功能，而且可以生成大篇幅的文章（8000 字），例如研究报告、分析报告等。

与其他 AI 文案工具不同的是，秘塔写作猫将全文写作分为 4 个清晰的步骤：标题、摘要、大纲和内容。对长文章的写作来说，清晰的写作步骤是非常有帮助的。秘塔写作猫的 AI 写作步骤如图 3-6 所示。

图 3-6 秘塔写作猫的 AI 写作步骤

除了以上 AI 文案工具，还有聪明灵犀、AI 创作家、火龙果写作等。互联网上有许多类似网站，但它们的功能大同小异，由于篇幅所限，此处不赘述。

第二节 AI 文案的万能提示词公式

一、万能提示词公式简介

有的读者刚接触 AI 文案创作的时候毫无头绪，不知道 AI 能产生什么样的内容，也不知道如何向 AI 提问。那么用 AI 写文案有没有万能的提示词公式呢？答案是肯定的。

根据经验，笔者总结出一个万能提示词公式（3S 提问法），如图 3-7 所示，它能迅速提高提示词的准确性，生成的文案结果也比较理想。

图 3-7 3S 提问法

"3S 提问法"用起来比较简单、有效，按照该方法，经过短时间的练习之后，读者就能得到比较好的文案生成结果。

二、万能提示词公式实例讲解

"3S 提问法"很简单，步骤也非常清晰，只要按下列步骤操作，一般都能得到比较理想的文案。

1. Subject：确定清晰且明确的主题

"3S 提问法"的第一个"S"就是主题——你需要让 AI 知道你想要的内容是什么主题。注意，这里说的是"主题"并不是标题，主题是要表达的核心内容，需要精确表述。

例如需要明确"招生文案"和"招生方案"的区别，并告诉 AI 你需要的是"文案"还是"方案"。招生文案是对外公开的；而招生方案是培训机构内部使用的，是不公开的。"促销文案"和"促销方案"也是这样的：促销文案针对外部客户，是公开的；促销方案则是内部使用的，是不公开的。

所以在向 AI 提问前需要明确主题。其实提示词没有想象中那么复杂，只需要"清晰且明确"。如果要写一个促销方案，就需要明确究竟是什么产品的促销方案，显然汽车产品的促销方案与电子产品的促销方案、软件产品的促销方案是完全不同的。

例如在 AI 平台里输入"写一份促销文案"，AI 回复的是夏季百货商场的促销文案，AI 生成结果如下所示。

盛夏狂欢，清凉一夏！

亲爱的顾客朋友们，夏日炎炎，你是否在寻找一丝凉意，为生活注入一份清新的活力？现在，我们为你带来了一场前所未有的促销狂欢！

活动时间：××××年××月××日至××××年××月××日

冰点折扣，让你清凉一夏

* 所有夏季清凉商品，如空调、风扇、冷饮等，享受 8 折优惠！

* 购买满 300 元，即可获得价值 50 元的冰激凌兑换券。

夏日必备，防晒大放送

* 防晒霜、太阳镜、遮阳帽等防晒必备商品，买一送一！

* 防晒霜买 50 mL 送 30 mL，让你在夏日阳光下自在游玩。

畅饮狂欢，夏日饮品大促销

* 所有冷饮、果汁、奶茶等夏日饮品，买二送一！

* 加入会员，更能享受每月免费畅饮一次的特权。

** 积分翻倍，豪礼等你拿 **

* 活动期间，消费积分翻倍，积分可兑换丰富礼品！

* 积分商城大更新，更多惊喜等你发现！

** 独家福利，分享好友享优惠 **

* 分享活动至微信朋友圈，即可获得 50 元全场包邮券。

* 邀请好友参与活动，双方均可获得额外优惠。

亲爱的顾客朋友们，让我们一起在这场盛夏狂欢中，寻找那一份属于你的清凉与快乐！走过路过不要错过，快来抢购吧！

AI 生成的是小红书风格的促销文案，而你想要的是"短视频线上课程促销文案"，不仅跟夏天毫无关系，而且文案主题也大相径庭。此时，不要怪 AI，它只是在努力"讨好"你，在没有收到明确指令的情况下迅速给你返回了一份促销文案。

这时应该怎么做呢？可以在 WPS AI 界面中输入"写一份短视频线上课程促销文案"，得到如下结果。

短视频线上课程限时促销

在这个数字化时代，短视频不仅是娱乐的流行趋势，更是个人品牌建设、产品推广和企业宣传的重要工具。为了帮助您快速掌握短视频制作的技巧，我们特别推出了一系列短视频线上课程。

【课程特色】

1. 实战操作：课程内容涵盖从选题、拍摄到后期制作的全方位技巧，让您在实践中掌握短视频制作的精髓。

2. 专家指导：拥有多年短视频制作经验的导师团队，为您分享他们的宝贵经验和心得。

3. 社群互动：加入专属学员社群，与同行交流心得，共同成长。

4. 课程回放：错过直播没关系，所有课程支持回放，方便您随时复习。

【促销详情】

时间：即日起至 ×× 月 ×× 日

内容：

1. 所有课程享受 8 折优惠；

2. 一次性购买两门以上课程，享受 7 折优惠；

3. 推荐好友报名，双方均可获得额外优惠。

【如何购买】

请点击下方链接或扫描二维码，进入课程页面选购。完成购买后，您将收到一封确认邮件，请按照邮件指引完成课程注册。

别再犹豫了！抓住这次难得的机会，让您的短视频之路从此顺畅无阻！现在就行动，开启您的短视频之旅！

这次 AI 生成的文案正是你需要的，包括课程特色、促销详情、如何购买等内容。在对这些内容进行简单编辑后，就可以放到课程促销海报中使用了。

2. Style：确定行文风格

主题确定之后，就需要确定行文风格（以下简称"文风"）。确定文风有很多方法，这是 AI 创作的核心。

【注意】掌握好文风就基本掌握了 AI 文案创作的精髓，所以这个部分值得读者多花时间学习和练习。

（1）用题材确定文风

文风可以用题材来确定，例如小说、诗歌、散文、剧本、短视频脚本等都是写作题材，如果指定 AI"写一篇关于冰灯的抒情散文"，AI 就会自动生成一篇关于冰灯的散文。

题材的指定越详细，得到的结果就越精确，例如指明"生成五言绝句"，AI 生成的就是五言绝句，而不是其他体裁的诗词。

（2）用修辞方法确定文风

文风也可以用修辞方法来确定，例如比喻、拟人、夸张、反问等。假如要求 AI"用比喻的手法形象说明学习路上的种种感受"，就会得到下面的内容。

学习就像攀登一座高峰，有时候我们会感到疲惫不堪，好像背负着沉重的包袱，每一步都充满了挑战。但是，当我们克服困难，越过一个个山头，那种成就感和自豪感就像阳光洒在身上的温暖，让人心生欢喜。

学习又像是一次长跑，刚开始我们充满激情和活力，但随着时间的推移，我们可能会感到疲惫和无力。然而，只要我们坚持下去，那种超越自我的喜悦和满足感就会像一股清泉在心中流淌。

学习还像是在大海中航行，有时风平浪静，有时狂风骤雨。但正是这些挑战和困难，让我们学会了如何面对困境，如何保持平衡，最终安全抵达彼岸。

（3）用表达方式确定文风

表达方式指书面语、口语、儿童语气、成人语气、教师语气、老年人语气、仿古、方言等，也可以从人称角度（第一人称、第二人称、第三人称）对文风进行限定。

假如要求 AI "用东北方言写一个关于东北餐饮的段子"，就会得到下面的典型段子。

话说啊，咱东北这旮瘩的餐饮啊，真是有得一说！咱这地方的人，都实在，吃饭就得吃个热乎，吃个痛快。不像南方那边，吃得那么细腻。咱东北菜，一盘子下去，管饱！

你看那锅包肉，炸得金黄酥脆，酸甜适口，吃一口就让人回味无穷。还有那猪肉炖粉条，咕嘟咕嘟地炖上一大锅，热气腾腾的，吃起来暖乎乎的，舒坦！还有那小鸡炖蘑菇，蘑菇是山里的野味，鸡肉是家里的土鸡，炖在一起，简直就是人间美味！

当然了，咱东北人也不是只懂得大吃大喝。在餐饮方面，咱也有咱的讲究。比如那杀猪菜，就得在冬天杀猪的时候吃，那新鲜的猪肉，那热乎乎的酸菜，吃起来才够味。还有那烧烤，也得在夏天晚上吃，边烤边吃，边喝啤酒，这才叫生活！

总的来说，咱东北餐饮，就是一个字：爽！咱东北人，吃饭就得吃得爽快，吃得痛快！你要是来东北玩，一定得尝尝咱这边的美食，不然就白来了！

也可以尝试用不同地方的方言，假如要求 AI "用四川的方言写一个关于成都餐饮文化的段子"，就会得到下面的内容。

成都嘞餐饮文化，嘿多人都觉得巴适得很。火锅、串串、麻辣烫，样样都是心头好。辣得你嘴巴通红，麻得你舌头打颤。

成都人吃饭，就像打仗一样，热闹得很。你一筷子，我一勺，拼桌嘞朋友一起嗨。不论生张熟魏，都是好兄弟。

小吃也是一绝，早餐吃碗豆花，中午来碗担担面，晚上再搞个烧烤。哎呀，一天到晚都吃得欢。这成都嘞餐饮文化，就像成都嘞人一样，热情、好客、有味道！

3. Structure：确定结构

只要掌握前两个 "S"，生成一般的文案是没有问题的，但是如果你需要生成的文案有层次结构，那么就需要用到第 3 个 "S"，即文案的结构。

一般来说，短的文案或文学意味浓厚的文案不需要结构性很强。但对于实用性文案，如报告、总结等，良好的结构是有必要的。即使是千字以内的中短型文案，也有必要具有良好的结构。这是作者 "结构化思维" 的表现，也能带给读者层次分明的阅读感受。

如果 AI 输出的内容没有结构化，即没有列出"一、二、三、四、五……"或"1. 2. 3. 4. 5……"之类的标题，可以指定提示词，让 AI 生成结构化的内容。

例如让 AI "形象地解释一下什么是'发散思维'，用'1. 2. 3'的标题列出"，AI 就会生成下面的结构化内容。

（1）思维的烟花秀

想象一下，你的思维就像一场盛大的烟花秀。每一个想法都是一朵绚丽多彩的烟花，它们在你的脑海中绽放，闪耀着独特的光芒。而发散思维就是让这些烟花不断地绽放，一个接一个，形成一幅美丽的画面。

（2）从一点到无限

发散思维就像是从一个点开始，然后向各个方向无限延伸。你可以从一个简单的想法开始，然后不断地联想、扩展，探索各种可能性。就像一棵树的根一样，从一个点延伸出许多分支，每个分支都可能成长为新的树。

（3）创意的大熔炉

把你的大脑想象成一个巨大的熔炉，各种创意和想法在里面翻滚、融合。发散思维就是把不同的元素、概念和观点放在一起，然后看它们会碰撞出怎样的火花。就像厨师把各种食材放在锅里，通过烹饪创造出美味的佳肴一样。

所以，发散思维就是让你的思维像烟花一样绽放，从一个点出发向无穷远处拓展，将各种创意融合在一起，孕育出无尽的可能性。

由此可见，用不同的提问方法得到的结果是不同的。

【注意】熟练应用"3S 提问法"之后，可以举一反三、触类旁通，不断优化自己的提示词，掌握与 AI 交互的技巧，这样 AI 生成的内容就会越来越符合要求，甚至会超过预期。

■ 第三节　如何让 AI 妙语连珠？

"3S 提问法"的确比较简单，但要用得好，还需要读者对提示词有更为深刻的理解，这样才能得到理想的结果。

一、同样是用 AI 写文案，为何效果大不同？

假设你是一名漫画师，出了一本搞笑类漫画书，现在需要写一份漫画书宣传文案。输入不同的提示词，看看生成的文案效果到底有什么不同。

1. 修正前的文案效果

如果输入的是"帮我写一份漫画书的宣传文案"，就会产生如下文案。

探索奇幻世界，尽在《××漫画》!

你是否曾梦想过穿越到一个充满奇幻和冒险的世界？你是否渴望成为英雄，与邪恶势力战斗，保护所爱的人？如果你的答案是肯定的，那么你绝对不能错过这本漫画书！

《××漫画》是一部引人入胜的奇幻冒险漫画，讲述了主人公的精彩故事。他/她原本是一个普通的[主人公身份]，但在一次意外中，他/她发现自己拥有了超能力。从此，他/她的生活发生了翻天覆地的变化，他/她被卷入了一场神秘的冒险之中。

在这个充满神秘和危险的世界里，主人公遇到了各种各样的人和怪物。他/她需要不断地提升自己的能力，以应对各种挑战。同时，他/她也结交了一些志同道合的朋友，他们一起并肩作战，共同成长。

《××漫画》的画面精美，场景细腻，每一个细节都让你仿佛置身于那个奇幻的世界之中。故事情节扣人心弦，充满了惊险和刺激，让你欲罢不能。这不仅是一本漫画书，更是一场视觉和听觉的盛宴。

无论你是漫画爱好者，还是想寻找一本好书来打发时间，《××漫画》都是你的不二选择。快来和主人公一起踏上这场奇幻冒险之旅吧！

毫无疑问，AI 理解的漫画书是奇幻和冒险类的漫画书，而不是你画的搞笑类漫画书。此时你会怎么看 AI？你肯定会想："这个 AI 太笨了！这根本不是我想要的结果啊！"

你在写其他文案的时候可能也会出现类似的问题，主要原因在于你还没学会让 AI 妙语连珠的方法。

2. 修正后的文案效果

实际上，得不到理想结果的原因在于你的提示词没有说清你想要什么。提示词可以重写为"请写一份搞笑类漫画书的宣传文案，重点突出漫画书搞笑的卖点。"

这次你的要求足够明确，产生了如下文案。

《笑到停不下来！这本漫画书让你腹肌"炸裂"！》

你是否觉得生活乏味无趣？你是否想要一些能让你开怀大笑的东西？如果你的答案是肯定的，那么你一定不能错过这本搞笑漫画书！

这本漫画书的笑点很密集，每一页都能让你笑得前仰后合，停不下来。作者用巧妙的脑洞和幽默的画风创造了一个个荒唐又滑稽的故事，绝对让你大呼过瘾。

不管你是喜欢恶搞、冷笑话还是无厘头，这本漫画书都能满足你的需求。它不仅能让你在阅读中忘掉烦恼，还能让你在与朋友分享时成为焦点。

这本漫画书是你的解压神器，它就像是一位私人专属的幽默大师，随时为你奉上一场欢乐的盛宴。当你感到疲惫时，翻开这本书，它将带你进入一个充满欢乐的世界，让你忘记一切烦恼。

与其他书不同，这本漫画书的阅读体验是轻松愉快的。你可以随时随地翻开它，在短时间内就能享受到一场欢乐的阅读之旅。无论是在公交车上、午休时间还是睡前，它都是你放松心情的绝佳选择。

所以，如果你想要一本能让你开怀大笑的漫画书，就赶紧抓住这个机会！这本搞笑漫画书将成为你生活中的调味剂，带给你无尽的欢乐和惊喜。相信我，一旦开始阅读，你将欲罢不能！

这次产生的文案还不错，但是可能还达不到你的要求。你可以根据需要对不正确、不恰当的地方进行修改。相信用不了多久，你就能得到一份生动形象、打动人心的文案。

【注意】文案写作提示词的相关知识和技能也可以迁移到 AI 绘画平台中使用，这样也会取得非常好的效果，所以学会写提示词对学习 AI 绘画也是非常有帮助的。

二、让 AI 妙语连珠的诀窍

用 AI 进行文案创作就像是一名乐队指挥在指挥一支乐队，乐队指挥需要具备多种能力才能指挥乐队成员演奏出美妙的乐曲，这里列出笔者在实际创作中积累的经验和诀窍，供读者参考。

1. 向 AI 发出明确的指令

就像乐队指挥需要告诉每个乐队成员何时演奏、演奏什么一样，你需要给 AI 发出清晰、明确的指令，告诉 AI 你想要的文案风格、主题和内容等。这一点请参考上一节的内容，明确、清晰的提示词是 AI 顺利写作的关键。

2. 向 AI 提供必要的信息

AI 就像是一个可以演奏各种乐器的音乐家，但它需要你提供相关的信息和素材，才能演奏出你想要的旋律。

如果你想让得到的 AI 文案在语言表达上准确、生动，同时符合目标受众的阅读习惯，就需要给 AI 提供足够的信息，例如语言风格、适用人群等。

例如你从事的是 MCN 行业，想让 AI 写一份 SWOT 分析报告，就需要在提示词中加上"MCN 行业 SWOT 分析"字样，这样才能得到正确的结果。

3. 不断调整和优化提示词

刚开始使用 AI 进行文案创作的时候，AI 可能会生成一些不符合要求的文案，其实这并不是 AI 的问题，而是你还没有适应如何与之高效配合，此时需要对提示词进行调整和优化，才会获得更好的文案。

4. 运用结构化思维

结构化思维是一种有条理、有层次、有逻辑的思考方式，它能帮助我们更好地理解和解决问题，尤其是生成一些篇幅比较长、内容比较复杂的文案，运用结构化思维是非常必要的。

结构化思维就像是搭积木，当我们玩积木时，我们会先想好要搭什么东西，例如一辆小汽车或者一座小房子。然后我们会按照一定的顺序和方法，把一块块积木拼在一起，让它们组成一个整体。

同样，当我们构思一篇难度很高的文案时，也可以用结构化思维来梳理思路。我们可以把文案看作一个可以拆分的整体，然后把它分解成一个个小的部分，就像把一个大积木拆分成一个个小积木一样。这样，我们就能清楚地看到每个部分的作用和关系，然后再把它们重新组合起来，形成一篇完美的文案。

对于结构复杂的文案，AI 生成的结果可能不太理想，此时可以让 AI 生成文案的结构，然后把精力花在优化文案的结构与内容上。对于 AI 无论如何也生成不好的结构，就要自己亲自来写。

确定好文案的结构之后，可以让 AI 生成各个小标题下的内容，然后将它们插入文案中，提高写作效率。

5. 正确评价结果的能力

就像乐队指挥需要具备一定的音乐素养和审美能力一样，你也需要具备一定的审美和语言表达能力，以便对 AI 生成的文案进行评估。虽然 AI 可以提供很多创意和想法，但最终的决策权还是在你手中。你必须具备评价和判断 AI 生成的结果的能力，而不是让它代替你做决策。

【注意】不要把 AI 当作"顶级文案大师"，它对你的创作有重要的启发、协助、补充作用，而不是完全替代。由于大模型存在"幻觉"现象，可能输出错误的内容，因此在引用事实和数据时需格外小心。建议让 AI 提供原文出处，避免直接采用未经验证的内容。如果无法提供准确的出处信息，就应避免引用。

■ 第四节　AIGC 营销文案

对普通文案创作工作来说，如果不需要特别多的创意，只需要创作与业务相关的基础文案，那么可以使用对应的 AI 文案网站。本节介绍一些实用的营销类 AI 文案网站，供读者选用。

一、图司机

图司机是一个线上处理文案和图片的网站，它的显著特点是针对不同行业的需求进行了优化设计，同时也可以选择文案风格，这对忙于处理各种文案的人来说无疑是一种极好的效率提升工具。图司机的界面如图 3-8 所示。

图 3-8　图司机的界面

1. 新媒体文案

图司机可以根据不同社交媒体平台（如微信、抖音、小红书等）的特点和用户需求，生成吸引人的新媒体文案。图司机可以根据特定的主题、目标受众和内容类型快速生成引人注目的标题、配文和话题标签，提高新媒体文章的点击率和阅读量，特别适合从事新媒体、电子商务行业的人使用。

2. 销售文案

图司机可以生成各类产品的销售文案。它可以根据产品的特点、功能和目标用户的特色，快速撰写产品描述、广告词、推荐语和购买引导语，提高产品的曝光率和销售转化率。同时，它还可以根据用户的购买历史和偏好，个性化生成产品推荐和促销信息，进一步提高用户的购买意愿和满意度。

3. 产品营销文案

无论是推出新产品还是推广现有产品，图司机都可以为企业提供有创意的产品营销文案。它可以根据产品的特点、目标市场和竞争对手情况生成独特的营销理念、产品优势和目标用户画像，帮助企业赢得市场份额。同时，它还可以根据市场反馈和用户评价自动调整和优化文案内容，提高产品的竞争力和用户满意度。

4. 企业品牌文案

对于企业的品牌宣传和形象建设，图司机可以根据企业的核心价值观、文化特点和目标受众，帮助企业撰写企业品牌文案，如宣传文案、品牌故事和企业介绍等，向用户传达企业的独特魅力和竞争优势。

二、用 AI 快速生成营销文案

下面详细介绍如何用 AI 快速生成营销文案。按照以下步骤进行操作，你就能轻松掌握图司机的使用技巧。图司机首页的菜单栏如图 3-9 所示。

首页　模板中心　手机海报　PPT　摄影图　工具 ∨　更多 ∨　AI写作　移动端

图 3-9　图司机首页的菜单栏

第 1 步：进入"AI 写作"首页

单击首页菜单栏中的"AI 写作"。

第 2 步：选择合适的场景模板

在"AI 写作"首页，你可以根据需要选择各类场景，如小红书文案、知乎文章、公众号文章等。选择需要的模板或者热门商用案例后，进入创作页面。热门商用案例如图 3-10 所示。

图 3-10　热门商用案例

第 3 步：输入相应的关键词

在创作页面中，你会看到关键词输入框。在这里你可以输入或选择与主题相关的输出语言、营销对象、内容描述、文案类型或目标群体等。小红书文案模板（生成前）如图 3-11 所示。

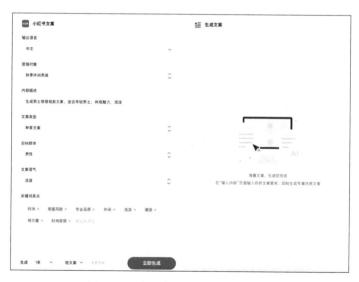

图 3-11　小红书文案模板（生成前）

单击"立即生成"按钮后，AI 将自动生成相应的文案内容。小红书文案模板（生成后）如图 3-12 所示。

图 3-12　小红书文案模板（生成后）

"图司机"能够根据用户的需求和特定行业的特点快速生成高质量的文案内容。它适用于各种商业场景，为不同行业的文案创作者提供了创作灵感和辅助工具，大大提高了文案创作的效率。

三、快速生成宣传文案实例

假设你要给一家名为"爱书人"的书店写一份文案，只需要在"图司机"中设置"营销对象"为"爱书人书店"，关键词卖点为"书店"，选择不同的文案语气等即可。文案语气的选择界面如图 3-13 所示。

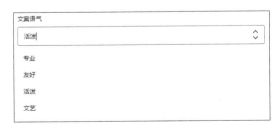

图 3-13　文案语气的选择界面

这里笔者选择的是"文艺"风格，AI 可以自动生成如下文案（每次生成的文案并不完全相同）。

在爱书人书店，每一本书都是一个故事，每一页都藏着无尽的智慧。我们深知，每一本书都是一个灵魂的寄托，每一次阅读都是一次心灵的旅行。

从中外名著到各类小说、散文、诗歌，从科普知识到艺术画册，从经典古籍到现代新书，爱书人书店为您提供海量的图书选择。我们精心挑选每一本书，确保它们既具有深度又富有广度，满足您对知识的渴望和探索的欲望。

在爱书人书店，您不仅可以找到心仪的书籍，还可以享受到我们的专业服务。我们的店员都是热爱阅读的人，他们乐于分享阅读体验，为您推荐最合适的书籍。此外，我们还提供专业的书籍咨询和定制服务，满足您的个性化需求。

不仅如此，爱书人书店还会定期举办各类文化活动，如读书分享会、作家见面会、文化讲座等，让您在阅读的同时也能感受到文化的魅力。

爱书人书店是您心灵的港湾、知识的宝库。我们期待与您一起在书的海洋中畅游，寻找生活的乐趣和智慧。

AI 为这家书店生成的文案还是具有很高的参考价值的，你可以在此文案的基础上根据实际情况进行修改，得到更准确的最终文案。

第五节　避免生成垃圾文案

一、互联网上由 AI 生成的垃圾文案泛滥成灾

GPT 作为一种强大自然语言处理技术，可以根据用户的要求自动地生成相应的内容，越来越多的人开始使用这些工具来生成文章、广告和其他内容。这使得数字内容的产生和传播速度进一步加快，互联网上出现了大量由 AI 生成的垃圾文案。

这些文案泛滥成灾，严重影响了人们的阅读体验，也对人们获取正确的信息造成了困扰。如果读者注意观察，就会发现互联网上出现了越来越多的垃圾文案，表面上看这些由 AI 生成的文章并没有语法错误，也没有拼写错误，但实际上它们毫无阅读价值。

二、垃圾文案的特征

互联网上没有任何实用价值的垃圾文案数量庞大，对文字功底不强的人来说

很难识别。但有文案工作经验的人不难识别出这些垃圾文案，垃圾文案往往具有以下特点。

1. 行文方式呆板

行文方式呆板是垃圾文案最显著的特征，往往采用"随着……"作为开头，而后是"第一……第二……第三……"或"首先……其次……再次……最后"这样的呆板结构，最后再加上"总之……"这样的概括性内容。

2. 空洞而肤浅

垃圾文案往往缺乏深度和准确性，内容空洞、肤浅，甚至存在错误的信息，没有任何阅读价值。很多 GPT 为了避免生成偏激的观点，刻意采用了"和稀泥"策略，这使得最终生成的文案空洞无味，缺乏可读性。

3. 标题夸张、虚假

为了吸引读者眼球，这些文案的标题往往夸张、虚假，但与实际内容并不相符，并且没有任何有用的内容。"标题党"文章往往缺乏深入分析和独立思考的内容，容易误导读者，导致读者获取错误的信息。

4. 掺杂广告

部分垃圾文案实际上是为了推广某种产品或服务，而并没有为读者提供有价值的信息。

这些垃圾文案的存在严重影响了用户的阅读体验，会让读者感到沮丧和失望，也会降低搜索引擎等互联网工具的信息质量和可信度，同时也降低了 AIGC 的口碑，让人误以为 AI 只能生成类似的文案。

三、如何避免生成垃圾文案

高质量文案有清晰的结构和段落层次，图片和文字排列整齐，内容具有可读性，言之有物，论之有理，具有严密的写作逻辑，信息量非常丰富。要想达到这样的水平，对目前的 AI 来说还是有挑战的，因此需要用"人机协同"的方式来达到既能提高写作效率，又不降低文案质量的目的。

1. 摒弃"AI 万能论"，以踏实的心态进行创作

近几年，AI 的确帮助内容创作者提高了生产速度，但是没有质量的生产只能被称为"垃圾生产"，而不是"内容创作"，因此创作者需要拒绝浮躁的心态，

在保证质量的前提下，以踏实、务实的心态与 AI 一起协同创作，这样才能创作出优秀的作品。

2. 以作者为主，以 AI 为辅

创作者的思想、观点和经验是文章的灵魂所在，决定了文章的内容、品质和风格。在创作过程中，创作者是主导者。因此在实际写作中，应该把自己放在核心地位，发挥 AI 在内容扩充、改写等方面的辅助作用。

一方面，运用 AI 生成文章大纲、草稿等，供创作者在创作时参考，这样不仅能提高写作效率，还能激发创作者的创作灵感。另一方面，AI 可以提供同义词、反义词等建议，帮助创作者丰富表达，从而对文章内容进行优化。

3. 作者把握主旨和提纲，用 AI 来扩写或补充细节

创作者在创作时可以先构思好文章的主旨和提纲，将提纲细化为具体的条目，用 AI 来扩写或补充细节，然后再进行修改，这样做可以达到比较理想的效果。

创作者也可以用思维导图的形式呈现写作思路，这样效果会更好。不仅可以将思维导图导出为 Word 格式，也可以将已经格式化好各级标题的 Word 文档导出为思维导图格式，让创作更为得心应手。

这种方式可以让创作者更好地掌握文章的整体思路和风格，既能充分发挥创作者的创造力和想象力，同时也能发挥 AI 的辅助作用。这样既能提高写作效率，也保证了文章创作的质量。

第四章

借助 AI，新手也能画出惊艳的作品

第一节　神奇的 AI 绘画

一、AI 为什么能绘画？

1. 用生成对抗网络生成图片

在 2022 年之前，AI 绘画主要基于深度学习算法中的生成对抗网络（Generative Adversarial Network，GAN）。这个网络模型由两部分组成：生成器（Generator）和判别器（Discriminator）。

生成器负责随机生成一些图片。判别器的任务是判断图片的真伪，对生成器生成的图片进行判断并给出反馈。

根据判别器的反馈，生成器会不断调整自己的输出，使得生成的图片更加真实。而判别器也在不断学习，提高区分真实图片和生成图片的能力。随着训练的不断进行，生成器和判别器的能力不断提高，最终可以生成非常逼真且质量高的图片。

图 4-1　AI 绘画的原理像"猫和老鼠"游戏

AI 绘画的原理可以比作一场"猫和老鼠"游戏，如图 4-1 所示。在这个游戏中，生成器就像一只老鼠，它试图制造出看起来真实的图片来欺骗判别器，而判别器则像一只猫，它的任务是识别出哪些图片是真实的，哪些图片是由生成器伪造的。

游戏开始时，老鼠（生成器）会尝试生成一些图片，然后提交给猫（判别器）进行检查。起初，老鼠生成的图片看起来很假，因此猫很容易就能识别出来。但是，老鼠会根据猫的反馈不断改进自己的技术，生成更加逼真的图片。

与此同时，猫也在学习如何更好地识别真实的图片和伪造的图片。它会对比真实的图片和老鼠生成的图片，找出差异，并提高自己的识别能力。

随着游戏的进行，老鼠生成的图片越来越逼真，猫也越来越难以区分真伪。最终，老鼠学会了如何生成看起来非常真实的图片，而猫也变得越来越擅长识别真实的图片和伪造的图片。

这个过程就像是一个不断进化的生态系统，生成器和判别器在互相竞争和适应中提高各自的能力。这就是 AI 绘画的原理，通过生成器和判别器的相互对抗和协作，最终实现了高质量的图片生成。

2. 用稳定扩散模型绘图

生成对抗网络有天然的缺陷，例如存在训练过程复杂且耗时、训练不稳定等问题，这使得 AI 绘画水平无法超越（只能无限接近）人类的绘画水平。在 2022 年之后，稳定扩散（Stable Diffusion）模型大放异彩，在绘画技术方面取得了极大的突破，现在主流的 AI 绘画平台均运用稳定扩散模型。

著名雕塑家米开朗琪罗有一句名言："塑像本来就在石头里，我只是把不需要的部分去掉"。这句话恰好说明了稳定扩散模型的原理：给模型一张随机噪声图，模型把不需要的噪声去掉，想要的图就出来了。稳定扩散模型生成图片的过程就是一步步去除噪声的过程。

稳定扩散模型的工作原理如图 4-2 所示，这就像将一滴墨水滴在一杯清水里，然后墨水慢慢扩散到整杯清水里。模型要学的就是墨水是怎么扩散到整杯清水的，然后再反过来，把混合了墨水的清水一步步恢复成最初的状态，这样就生成了所需要的绘画作品。

例如在 AI 绘画网站中输入"高山，流水，中国建筑，中国画风格"，就可以生成中国画风格的 AI 绘画作品，如图 4-3 所示。

图 4-2 稳定扩散模型的工作原理

图 4-3 中国画风格的 AI 绘画作品

二、AIGC 引发 AI 绘画浪潮

AIGC 在绘画领域已经迅速普及开来，这要得益于深度学习、大数据等技术的发展。AI 可以快速地学习并掌握绘画技巧，从而在创作过程中达到甚至超越人类艺术家的水平。

1. AI 可以创作出各种风格的作品

AI 可以通过分析大量的绘画作品，快速地掌握各种艺术风格和绘画技法。例如在油画、水彩、素描等不同绘画领域，AI 可以在短时间内学会相关技法，并能熟练运用。但人类艺术家需要经过十余年甚至更长时间的学习和实践，才能创作出优秀的画作。

2. AI 有不可比拟的速度优势

相较于人类艺术家，AI 可以在几分钟内创作出高水平的作品。这并非仅仅归功于 AI 强大的运算和学习能力，更在于它不会受到疲劳和情绪的影响，能够持续进行创作。而在实际创作中，人类艺术家往往会受到生理疲劳、灵感枯竭等因素的影响，导致创作速度受限。

3. AI 可以创作出丰富的作品

AI 在绘画领域还具有很强的可塑性和极大的潜力。随着技术的不断发展，AI 可以不断地学习新的绘画技巧和风格，从而在创作中展现出更丰富的想象力。而人类艺术家因年龄和身体条件等方面的限制，很难持续地扩展自己的艺术领域。

AI 绘画是一个神奇的工具，可以将我们的想象力转化为真实的图片，为所有人打开一扇通向无限创意的大门，让人们在艺术的世界里自由翱翔。无论是梦幻的场景、抽象的概念还是现实的事物，AI 绘画都能够帮助我们将心中的构想呈现出来。

AI 还是一个拥有高超绘画技能的合作伙伴，可以与我们共同创作。通过与 AI 绘画平台互动，我们可以不断尝试、修改和完善自己的 AI 绘画作品，从而激发更多的创作灵感。

三、AI 绘画引发巨大争议

AI 绘画引发了巨大的争议，主要聚焦于两点：一是 AI 是否真的具备了能代替人类艺术家的艺术创造力，二是 AI 生成的作品是否具有著作权。

1. AI 是否具备艺术创造力的争议

艺术家认为："尽管 AI 在绘画领域的表现令人瞩目，但它仍然难以代替人类艺术家。AI 生成的作品只是对原有作品风格的临摹而已，因此缺乏情感和个性，这使得它在创作过程中难以产生独特的艺术创造力。"

还有艺术家认为："最重要的是，AI 作品往往缺乏生命力和灵魂，难以触动人心。而人类艺术家在这方面有独特的优势，他们的作品具有更高的艺术价值。"

然而在实际生活中，由于 AI 绘画具有质量高、速度快等特点，受到了内容创作者的广泛追捧，互联网上涌现出大量的 AI 绘画作品，这使得原本享有优势的人类艺术家感受到了压力。

Stable Diffusion 的母公司 Stability AI 的创始人伊马德·穆斯塔克（Emad Mastaque）认为："摄影师和数字艺术家并没有取代传统艺术家，AI 创造了全新的表达形式。"这意味着人工智能时代将诞生新型艺术形态，我们可以暂且将这类新形态称为"AI 艺术"。

2. AI 绘画作品的版权归属争议

关于 AI 生成的图片的著作权争议，有一个有名的案例，即美国的"太空歌剧院风波"。美国游戏设计师杰森·艾伦（Jason Allen）用 AI 绘图平台 Midjourney 创作出了著名数字作品《太空歌剧院》，如图 4-4 所示，他凭借这幅令人惊艳的 AI 作品，在 2022 年 8 月拿下了美国科罗拉多州艺术博览会的数字艺术类别一等奖。

图 4-4　数字作品《太空歌剧院》

然而，当他在 2022 年 9 月给这幅作品申请版权时，却被拒绝了，其原因是这幅作品中 AI 创作的成分太多，而人类创作的成分相对较少。后来艾伦又两次申请复议，但都被同样的理由否决了。

艾伦辩称，他并不只是输入提示词，还跟 AI 进行了 624 轮互动，共耗时 80 多小时，从 900 多幅备选图中选出了最终的作品，还对图片做了其他修改。可就算这么费力，还是没能躲过被拒绝授予版权的命运。

然而在我国却完全不同，2023 年 8 月 24 日，一场法院庭审直播吸引了 17 万人观看，这是关于 AI 作品的著作权侵权案件。原告用 AI 生成了一张古装少女图，并在网络平台发布，一个百度百家号未经授权使用了此图，并去除了图上的水印。

原告起诉被告侵害作品署名权和信息网络传播权，要求被告赔偿 5000 元并赔礼道歉。被告辩称其通过网络搜索到该图片，没有侵权意图。此案因涉及 AI 生成图片的著作权问题，所以备受关注。经过 3 个多月的等待，北京互联网法院做出一审判决，认定 AI 生成图片为作品，被告侵害了原告的署名权和信息网络传播权，判决被告赔礼道歉并赔偿 500 元。

关于 AI 生成作品的知识产权，至今还没有形成明确的法律或法规，从目前来看，国内的舆论偏向于认可 AI 生成作品的知识产权归创作者所有。

四、AI 绘画给多个领域带来的变化

AI 绘画刚兴起的时候，一大批插画师、设计师心里都很慌，生怕 AI 取代了自己。但经过了一段时间的验证之后，发现 AI 绘画其实并不会取代创作者，反而是可以帮助创作者降本增效的"利器"。这样创作者就可以更专注于创意本身的构思和表达，特别是对在手绘技术上有短板的平面设计师来说，AI 绘画就是弥补短板的"利器"。

AI 绘画现在已经开始广泛应用于多个领域，例如短视频、建筑、影视、游戏、电商、摄影、教育、工艺品设计等，它提供了更加高效的视觉生成方案，并且有效降低了成本。

因为 AI 绘画的出现，很多原本无法胜任设计工作的人在学习 AI 应用技能之后就能迅速胜任设计师的岗位，从长远来看，AI 绘画为设计行业带来了巨大的变化。

第二节 AI 绘画平台及使用方法

一、国外 AI 绘画平台及使用方法

由于 AI 绘画的技术门槛很高，所以能够完全自主研发出高质量的 AI 绘画平台的公司并不多，目前以 Midjourney、DALL-E 和 Stable Diffusion 这 3 种 AI 绘画平台为主，Meta 公司也推出了自己的绘画引擎。这 3 种 AI 绘画平台在图片生成方面都展现出了卓越的能力，分别在图片美观度、图片连续性以及图片质量等方面有着不俗的表现。它们各具特色，彼此之间的竞争也非常激烈。

初学者往往被复杂的技术术语所迷惑，不知道如何选择 AI 绘画平台，尤其是在绘画网站如雨后春笋般出现的时候，甚至无法区分 AI 绘画的官方网站和套壳网站。那么不太懂技术的普通用户应该如何选择合适的 AI 绘画平台呢？笔者给出如下建议。

1. 如果你更在意审美情趣，优先选择 Midjourney

Midjourney 采用封闭源代码开发，是很多专业 AI 绘画者的首选，它所生成的图片往往较为美观且富有创意。通过 Midjourney 生成的图片如图 4-5 所示。该平台在图片生成方面具有很大的潜力，适用于多种场景。

图 4-5 通过 Midjourney 生成的图片

然而在图片的连续性，以及在理解提示词的准确性上，相较于 DALL-E，Midjourney 略显不足。

2. 如果你更在意图片表达的准确性，可优先选择 DALL-E

DALL-E 采用封闭源代码开发，作为后来者，它在图片的连续性方面以及对提示词的理解上都比 Midjourney 有更明显的提升。DALL-E 生成的图片质量刚开始与 Midjourney 差不多，然而它在理解提示词并生成与特定描述相匹配的图片方面的表现尤其出色。DALL-E 可生成令人印象深刻的艺术作品，如图 4-6 所示。这使得 DALL-E 在"以图表意"等场景下具有更高的实用价值。

图 4-6　DALL-E 可生成令人印象深刻的
艺术作品

对于追求图片可控度的用户，DALL-E 更加适合，因为它对提示词的理解更加准确；而对于追求视觉效果的用户，Midjourney 生成的图片则更具艺术性和吸引力。

3. 如果你想用 AI 大量绘图，或者自由绘图，可选择 Stable Diffusion

Stable Diffusion 是一款开放源代码的全能 AI 绘画平台，它在功能和定制化方面的表现更加强大。Stable Diffusion 的绘画作品如图 4-7 所示。精心训练后的绘画模型可以解决更多的问题，为用户提供更多的创作可能性。

Stable Diffusion 开放源代码，而且支持用户免费下载和使用大量的绘画模型，只要有足够强悍的硬件和技术，谁都可以打造自己的绘画平台，从而生成高质量的图片。

图 4-7　Stable Diffusion 的
绘画作品

然而在未经训练的情况下，Stable Diffusion 生成的图片在美观度等方面明显落后于 DALL-E 和 Midjourney，甚至会产生很多错误，所以新手无法熟练使用它。

现在互联网上基于 Stable Diffusion 的绘画模型最多，很多大公司的绘画平台基本上都是基于 Stable Diffusion 二次开发实现的，所以 Stable Diffusion 适合喜欢自己训练模型的用户。

二、国内 AI 绘画平台及使用方法

AI 绘画平台需要数以亿计的研发资金的投入。在 AI 绘画原生技术的研发上，国内的发展的确落后于国外。但是得益于 Stable Diffusion 这样优秀的开源平台，我国在 AI 绘画方面的进步也非常快，这里列举几个不错的 AI 绘画网站，供读者参考。

1. 简单 AI

简单 AI 是国内提供 Midjourney 绘画功能的 AI 绘画网站，同时也提供 DALL-E 等其他主流 AI 绘画平台的绘画功能，其网站页面如图 4-8 所示。

图 4-8　简单 AI 的网站页面

2. WHEE

WHEE 是一个由美图技术团队打造的 AI 绘画平台，主要提供了文生图、图生图等功能。美图是一家专门从事美术设计服务的高科技企业，它的产品"美图秀秀"在电商、平面设计和人像美容方面享有盛誉。只需要输入提示词，该网站就能根据提示词画出对应的图片，并且能根据不同的风格提示词生成多样的绘画作品。WHEE 网站生成的图片如图 4-9 所示。

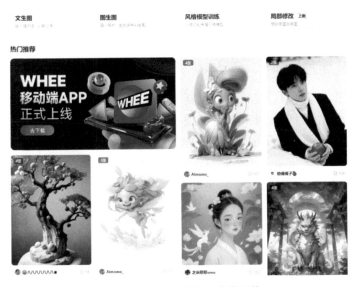

图 4-9　WHEE 网站生成的图片

3. 文心一格

　　文心一格是百度推出的绘画平台，其首页如图 4-10 所示。随着对 AI 生成图片技能的不断训练，在海量用户的加持下，文心一格的绘图技能不断提升，且日渐成熟。

图 4-10　文心一格首页

4. 通义万相

通义万相是阿里云推出的一款 AI 绘画创作大模型，提供文本生成图片、相似图片生成、图片风格迁移、虚拟模特等功能，其网站页面如图 4-11 所示。

图 4-11　通义万相的网站页面

5. 无界 AI

无界 AI 是一个专注于 AI 绘画的平台，为用户提供了一种全新的创作方式。无论是专业设计师还是艺术爱好者，无界 AI 都能为他们提供一个简单且强大的平台，用户可以在其中创作 AI 作品或欣赏由 AI 生成的艺术作品，其网站页面如图 4-12 所示。

图 4-12　无界 AI 的网站页面

6. 哩布哩布 AI

哩布哩布 AI 是一个简单、易用的 AI 绘画网站，它更注重用户体验和创作流程的简化。哩布哩布 AI 提供了简洁明了的操作界面，让用户能够快速上手 AI 绘画，还提供了多种风格和效果供用户选择，其网站页面如图 4-13 所示。

图 4-13　哩布哩布 AI 的网站页面

7. 堆友

堆友是一个集合了 AI 绘画和设计的社区平台，其网站页面如图 4-14 所示。它不仅提供了 AI 绘画工具，还有一个活跃的社区，设计师们可以在这里分享他们的作品，交流设计经验。

图 4-14　堆友的网站页面

国内还有很多 AI 绘画网站和工具，几乎都是基于开源绘画引擎二次开发而来的，绘画水平参差不齐，这里就不一一介绍了。

■ 第三节　提示词——开启 AI 绘画大门的"金钥匙"

在了解国内外主流 AI 绘画平台之后，接下来正式开始讲解 AI 绘画的基本过程。首先了解一些基础知识，这会让你的创作过程更加顺畅。

一、AI 绘画入门必备——提示词

在正式开始 AI 绘画之前，先介绍一下 AI 绘画的关键，这样你才能掌握 AI 绘画的正确操作。

1. 提示词是 AI 绘画的关键

用好 AI 绘画有两个前提：一是选对 AI 绘画模型（或称 AI 绘画平台），二是正确地输入提示词（Prompt）。

提示词就是用户输入的内容，即让 AI 能够按你的想法生成画面的文本指令，用一句话来表达，就是告诉 AI 要生成什么样的图片。

2. 掌握提示词输入技巧的重要性

如果输入的提示词不准确或不正确，那么得到的画面的内容和质量会与预期相差甚远。下面举个例子。

如果提示词为"一个中国男孩"，那么 AI 可能会画出一个穿着中式服装的男孩，如图 4-15 所示，这不是你想要画的现代男孩。

原来 AI 将"中国男孩"理解成了"穿着中式服装的男孩"。另外，因为没有指定画风，所以生成的图片风格也是多变的。

重新输入提示词"一个现代中国男孩，3D 风格"，AI 就会生成一个 3D 风格的现代中国男孩图片，如图 4-16 所示。

图 4-15　AI 把"中国男孩"画成了"穿着中式服装的男孩"

图 4-16　一个 3D 风格的现代中国男孩图片

如果在提示词中指定风格为"二次元风格"，那么 AI 就会画出一个二次元风格的现代中国男孩图片，如图 4-17 所示。

图 4-17　一个二次元风格的现代中国男孩图片

【注意】AI 绘画水平的高低由 AI 本身的能力决定，也受提示词的影响。在绘画、摄影等艺术领域，有的创作者一般具有更高的 AI 创作水准。

因此，这不意味着任何一个会输入文字但没有任何背景知识的人都能使用 AI 画出想要的绘画作品。AI 创作是一个"人机合一"的过程，也需要创作者有相应的鉴赏水平和专业知识，理解这一点尤其重要。

二、Midjourney 初体验

Midjourney 是主流的 AI 绘画平台，用户可以在国外流行的 Discord 网站（类似于 QQ 空间）上使用它。现在国内有提供 Midjourney 接入的绘画平台（如 Midjourney 中文站），使用户在国内也可以使用 Midjourney 绘画。

1. 打开绘画功能

进入 Midjourney 中文站，登录之后单击"开始创作"按钮，进入创作页面。单击左侧的"MJ"圆形按钮就会打开 Midjourney 的绘画页面，单击"设置"按钮，即可进入 Midjourney 的高级选项页面，如图 4-18 所示。

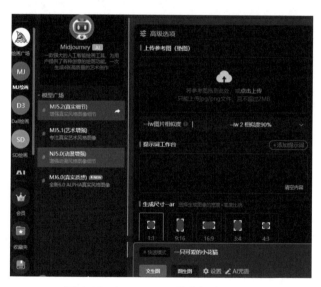

图 4-18 Midjourney 的高级选项页面

2. 输入提示词生成画作

打开绘画页面之后，就可以输入提示词了，提示词就是绘画内容的关键词。

【注意】如果读者用的是 Midjourney 原生网站，那么需要用英文输入，然后按回车键确认。读者可使用百度翻译、DeepL 之类的在线翻译工具，将提示词翻译成英文，再将其复制到 Midjourney 中生成图片。如果读者用的是国内的绘画平台，那么支持中文输入。

中文提示词：一只可爱的穿着红衣服的小狐狸，简约，全彩色，3D 风格 --v 5.2 --s 250。

英文提示词：a little fox character, 3d style, cute, simple, full color, red clothes --v 5.2 --s 250。

输入提示词后，AI 将生成 4 张相关图片，从模糊到清晰，稍等片刻，AI 会返回一张由 4 张图片构成的单图，如图 4-19 所示。

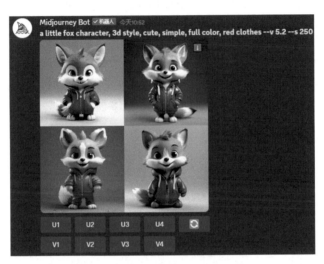

图 4-19   Midjourney 生成的图片

在初始图片生成好之后，会看到两行按钮，它们的具体功能如下。

（1）U：放大生成

U 后面的序号依次代表生成的 4 张图片的序号，顺序为从左到右、从上到下。

如果某张图片达到了预期，就单击对应的按钮，生成与按钮序号对应的单张高分辨率大图，下载之后就可以使用了。

如果对生成的图片不满意，可以单击图片下方的按钮进行微调。微调页面如图 4-20 所示。各按钮具体的功能如下。

Vary(Strong)：大幅修改。

Vary(Subtle)：小幅修改。

Vary(Region)：修改局部区域。

Upscale(2x)：放大 2 倍。

Upscale(4x)：放大 4 倍。

Zoom Out 2x：画面拉远 2 倍（画面中的主体缩小 1/2）。

Zoom Out 1.5x：画面拉远 1.5 倍（画面中的主体缩小 2/3）。

Custom Zoom：指定拉远倍数。

图 4-20　微调页面

如果单击"Zoom Out 2x"按钮，就会出现画面主体缩小、整体画面被拉远的效果，如图 4-21 所示。

图 4-21　画面拉远 2 倍后的效果

（2）V：局部修改

V1 ～ V4 按钮用于对图片进行局部修改，单击 1 ～ 4 号图片对应的 V 按钮，AI 会在该图片的基础上再生成 4 张变化的图片。

（3） 按钮：重新生成

如果对生成的 4 张图都不满意，单击 按钮，AI 会给根据提示词重新生成不一样的 4 张图片。

3. 局部修改绘画作品

有时 AI 生成的图片质量很不错，但是会莫名其妙地多出一些奇怪的东西，如图 4-22 所示，这时就需要用到局部修改功能。

提示词：一只可爱的卡通兔子，坐在沙发上看手机，8K 超高清，缥缈感，平衡对称，蜡像感，客厅背景。

单击"Vary(Region)"按钮打开局部修改功能，选中需要修改的地方（此处需要将其删除），然后输入"Delete"（删除），就能把不需要的内容删除了，如图 4-23 所示。

图 4-22　AI 生成的原图（有瑕疵）　　图 4-23　局部修改后的图片（无瑕疵）

4. 保存绘画作品

先单击图片，然后单击"在浏览器中打开"，在浏览器中单击鼠标右键，将图片先保存下来。

【技巧】一般来说，绘图网站上有许多其他人的作品，欣赏其他人创作的优秀作品，查看他们使用的关键词，可以快速了解其他人是如何生成出不同风格的绘画作品的，从而为自己的创作提供灵感和思路。

三、Midjourney 提示词技巧

1. 提示词的构成

提示词的构成为"图片文本描述 + 官方指令"。文本描述中的关键词之间可以用"，"（半角逗号）隔开，不同参数之间可以用半角空格隔开。

例如中文提示词可以是"一个中国男孩，肖像画 --q 2"，英文提示词可以是 "A Chinese boy, portrait --q 2"

输入上面的提示词，就可以得到相应的图片。

2. 常用参数

在 Midjourney 提示词中，带有两个短横线的字母是参数，这里将常用的参数列出，供读者在作图时使用。Midjourney 的常用参数如表 4-1 所示。

表 4-1　Midjourney 的常用参数

参数类型	参数名称	简介	使用频率
基本参数（控制图片基本样式）	--ar	调整图片长宽比，即长与宽的比值。常用值为 4 : 3、3 : 4、16 : 9、9 : 16 等	★★★★★
	--s	风格化值，值越小越接近提示词要求，但艺术性越差	★★★
	--q	图片质量，值越小生成速度越快，图片质量越差，默认值为 1。	★★★
	--no	去掉图片中的某个物品，例如去掉人物眼镜可以写为 --no glasses	★★★
	--seed	控制图片的 seed 值（唯一编号），用于控制生成一致的图片	★★★
	--iw	使用参考图片的权重，值为 0 ～ 2。值越大，生成结果越接近原图	★★★
模型参数	--v	指定的模型版本（如 v5.2 或 v6）	★★★★
	--niji	使用动漫风格的模型	★★★

参数使用示例：a cat --ar 4:3 --style cute --niji。

【注意】

（1）参数要放在提示词的末尾。

（2）参数和值之间要用空格分隔。

（3）参数与参数之间也需要用空格分隔。

（4）参数之后不要加任何多余符号，如句号、小数点、其他字符等。

3. 使用参数的常见错误

在使用 Midjourney 参数的时候，经常会出现无法识别指令的情况，主要是因为空格缺失或冗余、小数点冗余、顺序不当等因素。在实际使用过程中，注意留意避免即可。

（1）a cat--niji（-- 前缺少空格）。

（2）a cat --niji.（最后多了一个小数点）。

（3）--ar 16:9 a cat（参数应该在提示词之后）。

（4）a cat -- ar 16:9（-- 和 ar 之间不能有空格）。

【技巧】使用 AI 生成图片需要经常练习，而不能只看理论知识，因为只有在水中才能学会游泳技巧。AI 绘画也是如此，只有不断使用才能越来越熟练，最终达到随心所欲的境界。

四、AI 绘画提示词万能公式

1. AI 绘画提示词万能公式简介

AI 绘画的功能很强大，即使是人类历史上最伟大的艺术家，也无法在短时间内画出惊艳的作品来，而 AI 只需要在几分钟甚至几秒内就能做到。与文案创作提示词类似，AI 绘画也需要输入的提示词准确、清晰。

因为绘画艺术极为复杂，所以 AI 绘画的提示词也要复杂得多。AI 绘画的提示词看似复杂，其实可以归纳出一个通用的"万能公式"，具体如下。

万能公式 = 图片主体 + 细节 + 环境 + 艺术风格 + 介质 + 视角 + 色系 + 光线 + 清晰度 + 渲染器。

2. AI 绘画提示词万能公式表格

万能公式比较抽象，也不容易记忆。笔者结合实例，用一个表格把这个公式形象地表达出来，如表 4-2 所示，读者按此表格练习即可。

表 4-2　AI 绘画提示词万能公式

参数名称	图片描述要求	说明
图片主体	一只可爱的小狐狸	修饰词 + 主体
细节	一只可爱的小狐狸，穿着红色服装	服装 + 动作

续表

参数名称	图片描述要求	说明
环境	一只可爱的小狐狸，穿着红色服装，在雪地上	主体所处的环境
艺术风格	一只可爱的小狐狸，穿着红色服装，在雪地上，皮克斯风格	艺术风格 / 艺术家名字 / 漫画影视作品 / 艺术网站
介质	一只可爱的小狐狸，穿着红色服装，在雪地上，皮克斯风格，雕塑	油画 / 摄影 / 手稿 / 雕塑 / 陶瓷 / 布料 / 黏土 / 石头等
视角	一只可爱的小狐狸，穿着红色服装，在雪地上，皮克斯风格，雕塑，全身像	特写视图 / 两点透视 / 广角镜头 / 景深效果 / 正视图 / 全身像
色系	一只可爱的小狐狸，穿着红色服装，在雪地上，皮克斯风格，雕塑，全身像，柔和粉色系	薄荷绿色系 / 日暮色系 / 枫叶红色系 / 金属色系 / 鲜果色系 / 黑白灰色系 / 极简黑白色系 / 温暖棕色系 / 柔和粉色系 / 时尚灰色系 / 水晶蓝色系等
光线	一只可爱的小狐狸，穿着红色服装，在雪地上，皮克斯风格，雕塑，全身像，暖色调，自然光	电影光 / 强逆光 / 立体光 / 闪光 / 影棚光 / 双性照明 / 反射 / 柔和的照明 / 柔光 / 投影光 / 自然光等
清晰度	一只可爱的小狐狸，穿着红色服装，在雪地上，皮克斯风格，雕塑，全身像，暖色调，自然光，8K	高品质 / 超级细节 / 复杂细节 / 高分辨率 / HD/2K/4K/8K/ 尺寸比例
渲染器	一只可爱的小狐狸，穿着红色服装，在雪地上，皮克斯风格，雕塑，暖色调，自然光，8K，OC 渲染	3D 渲染（3D 软件 + 渲染器 + 材质 + 光照 + 逼真的渲染风格）/OC 渲染

【技巧】上述公式是一个通用公式，可创造出无数种绘画提示词组合。其中的参数并没有先后顺序之分，但是为了掌握 AI 绘画的要领，还是建议读者练习 AI 绘画时按这个顺序输入。另外，越放在前面的条件，AI 就越重视，所以边学边练才能控制每种提示词产生的绘图效果。

■ 第四节　掌握不同的 AI 绘画风格

一、统一风格对作品的重要性

绘画的不同风格用于表现不同的意境，所以要生成优秀的 AI 绘画作品，需要掌握不同绘画风格的特点，这对连续创作来说是非常重要的。因为在一个完整的作品中，绘画风格应该是统一的，而不是混乱的。

当创作一个平面连环画风格的作品时，如果突然出现 3D 风格的画面或者二次元风格的画面，将会严重破坏读者在浏览时的连续性，从而影响其对作品的评价。

在同一个作品里，保持画风尽量一致是非常有必要的，因此在掌握提示词输入技巧之后，就需要掌握不同的 AI 绘画风格。

现在 AI 能够画什么风格的作品？AI 绘画的风格几乎涵盖了所有能在互联网上找到的绘画风格。无论是现实主义风格还是抽象主义风格，从印象派风格到中国画风格，AI 都能轻松"画"出。下面列举一些常见的 AI 绘画风格。

二、现实主义风格

现实主义强调真实地描绘现实生活中的事物，追求细腻的细节表现。在西方，现实主义也指艺术写实的一种手法，因此现实主义也可称为写实主义。

AI 通过分析并学习大量的现实主义风格的绘画作品，掌握了现实主义风格的绘画技巧。给 AI 发送提示词，例如"SpaceX 火箭，现实主义风格"，它就会运用现实主义风格画出一幅发射中的 SpaceX 火箭的作品，如图 4-24 所示。

图 4-24　现实主义风格的 SpaceX 火箭

三、抽象主义风格

抽象主义强调艺术家的主观感受和情感表达，这种风格的画作通常具有强烈的个人特色。AI 通过对抽象主义大师的作品进行学习，可以捕捉到抽象主义的绘画特点，如色彩搭配、线条走势等。

当创作一幅抽象主义风格的 SpaceX 火箭绘画作品时，只需要向 AI 发送提示词，例如"SpaceX 火箭，抽象主义风格"，它便会生成一幅充满抽象主义元素的画作，如图 4-25 所示。

图 4-25　抽象主义风格的 SpaceX 火箭

四、印象派风格

印象派风格强调光影效果和色彩表现。通过学习大量的印象派画作，AI 掌握了印象派风格的绘画技巧，如短促的笔触、明亮的色彩等。

当创作一幅印象派风格的作品时，只需要向 AI 发送提示词，例如"SpaceX 火箭，印象派风格"，它便会生成一幅印象派风格的画作，如图 4-26 所示。

图 4-26　印象派风格的 SpaceX 火箭

五、立体主义风格

立体主义（Cubism）又叫立方主义，1908 年起源于法国，是西方现代艺术史上的一个运动和流派。立体主义艺术家追求碎裂、解析与重新组合的艺术形式，旨在创造出充满分离感的画面，他们以碎片的形态为表现目标，巧妙地组合各种元素，展现出一种独特而富有吸引力的艺术风格。

当创作一幅立体主义的作品时，只需要向 AI 发送提示词，例如"SpaceX 火箭，立体主义风格"，它便会生成一幅立体主义风格的画作，如图 4-27 所示。

图 4-27　立体主义风格的 SpaceX 火箭

六、中国画风格

AI 还能生成中国画风格的绘画作品。中国画强调意境的传达，通过颜色的深浅变化和线条的勾勒来表现事物的形态和神韵。AI 通过对中国画经典作品的深入学习，可以领悟到中国画的绘画技巧。

只需要向 AI 发送提示词，例如"SpaceX 火箭，中国画风格"，它便会生成一幅中国画风格的画作，如图 4-28 所示。

图 4-28　中国画风格的 SpaceX 火箭

七、浮世绘风格

浮世绘风格是日式绘画风格的一种，与中国画有很多相似之处，有时 AI 也无法准确区分中国画风格和浮世绘风格。

当你想创作一幅山水画或花鸟画时，只需要向 AI 提供相应的主题，它便会生成一幅中国画风格的作品。但是如果你突发奇想，让 AI 用浮世绘的风格画 SpaceX 火箭，向 AI 发送提示词，例如"SpaceX 火箭，浮世绘风格"，那么它生成的是带有"清风明月""亭台楼阁"等元素的绘画作品，如图 4-29 所示。

图 4-29　浮世绘风格的 SpaceX 火箭

【技巧】这种"诡异"风格的作品可能并不是你需要的，但是往往会产生令人印象深刻的艺术效果，建议读者多尝试不同风格和主题的组合，可能会发现许多新的艺术风格。

八、未来主义风格

在西方绘画史上，未来主义并不是指"科幻"，而特指百年前西方流行的一种绘画风格。但 AI 绘画引擎往往会把"未来主义"误认为是"科幻主义"，可见现在的未来主义已经跟原来的未来主义不一样了，基本上等同于"科幻主义"。未来主义风格的 SpaceX 火箭如图 4-30 所示。

图 4-30　未来主义风格的 SpaceX 火箭

【注意】在 Midjourney 中输入"未来主义"，得到的输出结果往往是科幻主义风格的作品。

九、二次元风格

"二次元"指的是风行国内外的一种漫画风格，受到很多年轻人的喜爱，互联网上也有大量的二次元风格的数字内容。

只要在 AI 绘画平台上选择二次元模型，或者在提示词中注明"二次元风格"，AI 绘画平台就可以按照性别、年龄、着装等要求，输出相应的内容。

其实，绘画风格理论上可以存在无限种，这里仅列出一些常见风格。AI 绘画能力主要受模型数据库限制，AI 经过训练和学习，AI 可以"画"出模型数据库里包含的风格。

【注意】在实际应用中，不要被太多的绘画风格限制，在叠加不同风格之后，AI 会产生新的绘画风格，从而产生让人意想不到的效果。因此，建议读者在使用过程中不要受限于既有风格，可以不断探索新的风格。

第五节　如何让 AI 画出富有创意的作品？

视觉表达的创意技巧是指通过视觉元素和表现手法来传达信息和创意的技

巧。运用 AI 技术也能在绘画领域创作出令人印象深刻的作品。以下是一些让 AI 作品富有创意的方法和示例。

一、运用夸张手法

夸大事物的某些特征可以让图片变得更加有趣,可以是大小、形状、颜色或者其他任何方面的夸张。夸张手法通过夸大或强调图片中的某些元素或特征来达到突出、强调或引人注意的目的。

在夸张手法中,设计师可以有目的地放大、扭曲、强调或改变图片中的某些元素,以创造出一种超出常规的、引人注目的视觉效果,如图 4-31 所示。

提示词:一个穿着中国古代服装的男人,开心,手拿手机,缥缈感,平衡对称,蜡像感。

图 4-31 一种超出常规的、引人注目的视觉效果

在图 4-31 中,人物夸张的表情给观众留下了深刻的印象。这种表现方法常用于广告、插画、漫画等领域,能够通过视觉上的冲击力和幽默感吸引观众的目光,从而更好地传达信息或表达创意。

二、利用视觉双关

运用视觉双关可以创造出有趣的图片。这需要寻找和利用图片中的相似之处和不同之处,以创造出令人意想不到的效果。利用视觉双关可以为图片增添趣味性或让图片更有内涵。具体来说,视觉双关像一种游戏,通过图片的视觉表现为观众呈现双重或多重含义。这种方法被广泛应用在广告、插画等领域中。

图 4-32 头戴鸟笼的人

提示词：一个男青年，头部被鸟笼罩住，白背景。

生成的图片如图 4-32 所示，用头戴鸟笼来表达人在思维上的封闭。

视觉双关是一种巧妙的设计手法，它巧妙地融合了一个图形中的两种或多种意义，当这些意义交织在一起时，能够呈现出独特而简洁的视觉效果，使得图形不仅仅是一个静态的图像，而是一个富有内涵和启示性的视觉符号。这种表现方式可以让观众在感知图片的同时，为观众带来充满趣味的视觉体验，也加深观众对图片的理解和记忆。

三、拟人化

拟人化是指对非人类的事物赋予人类的特征或者行为，如图 4-33 所示，这可以让图片变得更加有趣。拟人化手法可以应用于各种动物、物体或者场景元素，例如给动物穿上衣服、给花朵加上表情等。

提示词：一只可爱的卡通猫，穿着警服，骑着摩托车，平衡对称，蜡像感。

图 4-33 对非人类的事物赋予人类的特征或者行为

利用拟人化的手法绘图时，要抓住对象的特征，例如形状、色彩、纹理等，以便更好地赋予其人类的特点。同时，要给对象注入情感和个性，使其形象更加生动、有趣。拟人化表现需要具有创意和想象力，不要被现实中的事物束缚，要敢于尝试新的创意和表现方式。

四、捕捉瞬间

捕捉某个有趣的瞬间，就可以创造出令人难忘的图片，例如捕捉一匹骏马在奔跑时的动态，如图 4-34 所示。

提示词：一匹奔跑的前肢腾空的骏马，3D，8K 超高清，缥缈感，蜡像感，白背景。

图 4-34 捕捉一匹骏马在奔跑时的动态

捕捉瞬间的魅力往往在于细节，所以要注意观察并描绘场景中的细节，如纹理、颜色变化等。这些细节能够丰富作品并增强作品的真实感。可以通过对比来强调重点，如明暗对比、色彩对比或大小对比等，使观众更容易注意到关键部分。

五、时空穿越

结合历史背景和现代元素，例如在历史背景中加入现代元素或脱离时代特征的物品，可以创造出奇幻的时空穿越场景。用 AI 技术将古代或未来的元素与现代场景相结合，可以为绘画作品增添时空错乱的视觉效果。例如用中国画风格展示一个正在看手机的古代人形象，如图 4-35 所示。

提示词：一个古代人，正在看手上的手机，中国画风格。

图 4-35　一个正在看手机的古代人形象

时空穿越可以为观众带来全新的视觉体验，激发他们对未知世界的好奇心。通过图片表现时间与空间的关系，例如时间的扭曲、空间的折叠等，可以帮助观众更好地理解时空穿越的概念，同时可以提升作品的艺术性。

六、人物形象重塑

可以运用 AI 技术将现实人物或虚构角色转化为不同风格、时代或场景下的形象，从而表现出他们多样的个性和特点。例如让一个古代美女拿着一个现代大喇叭喊话，如图 4-36 所示，这就是一种新颖的创意表达，古代和现代结合的创意被 AI 生动、形象地表达了出来。

图 4-36　手持大喇叭喊话的古代美女

提示词：一个手持大喇叭的中国古代美女，缥缈感，蜡像感。

明确目标受众的喜好和需求，有助于我们更好地进行人物形象重塑。如果是针对年轻受众，可能需要让人物形象更加时尚、活跃；如果是针对中老年受众，可能需要让人物形象更加沉稳、内敛。要根据目标受众的需求和原始形象的特点来设计新的人物形象，包括人物的外观、表情等。要确保新形象与原始形象有明显的差异，同时又保持其内在的一致性。

七、隐喻

隐喻有助于将复杂的概念简化为直观、生动的视觉形象。通过隐喻，观众可以更容易地理解作品所传达的信息。例如"书山"可以用一个由书堆叠而成的山峰形象化地表达出来，如图 4-37 所示。

提示词：一个儿童站在由书构成的山峰前。

图 4-37 "书山"的形象化表达

八、对比

可以通过颜色对比、形状对比、大小对比等来强调某种信息或概念。例如繁华的城市与残破的城市的对比，如图 4-38 所示。

提示词：一张图中一半是繁华的城市，另一半是残破的城市，带有明显的对比风格。

图 4-38 繁华的城市与残破的城市的对比

对比有很多种方式。利用明暗对比可以突出画面中的重点部分，营造出立体感。利用色彩对比可以产生强烈的视觉冲击力，吸引观众的注意。使用互补色或对比色可以让画面更加鲜明和有活力，但要注意保持画面色彩的协调，避免画面过于刺眼或俗气。

九、反转

反转通过颠覆常规来表现某种信息或概念，可以带来出人意料和引人入胜的效果，从而打破观众的预期并引发观众的深思。例如在画面中用"倒悬的城市"来表达"颠覆传统"的想法，如图 4-39 所示。

提示词：超现实的天幕，二次元绘图，上面是倒悬的城市，下面是可见的地球，震惊感，宇宙树，连通性，倒置。

图 4-39　用"倒悬的城市"来表达"颠覆传统"的想法

在反转之前，先为观众建立一个清晰的基础情境，这有助于观众在反转发生时更好地理解和接受新的信息。通过在画面中留下一些微妙的视觉线索，可以暗示即将发生的反转。这些线索可以是颜色、形状、纹理等，使观众能够更轻易地察觉到不寻常之处。

十、诡异

诡异手法在绘画领域中可以用于营造一种神秘、不安的氛围，带给观众紧张和刺激的感受。有时 AI 可以创造出设计师难以想象的画面，为观众带来不一样的视觉体验。例如在生成"在花园中的男青年"时，AI 生成了一个头上长花的青年形象，营造出了神秘的氛围，如图 4-40 所示。

提示词：一名男青年，在花园中，超现实主义构图。

输入提示词"一名女性，周围有很多气泡"后，AI 生成了一个坐在气泡中的女性形象，如图 4-41 所示。

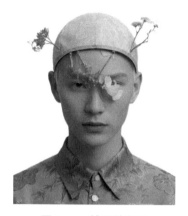

图 4-40　神秘的氛围

图 4-41　坐在气泡中的女性形象

选择不寻常的场景作为绘画的背景，如荒诞的建筑、扭曲的自然环境或超现实的景象，可以给观众带来不一样的感觉。

模糊和不确定的边界可以增强画面的神秘感。尽管诡异手法可能让人感到不安和紧张，但也要确保观众能够与画面中的某些元素或情境产生情感共鸣，这有助于提高观众对作品的投入度和关注度。

十一、幽默

幽默手法是绘画领域中常见的艺术表现方式。通过寻找并适度使用笑点、确保笑点与主题相关、采用多种表现手法、保持创意和新颖性、明确受众群体等方法，可以增强作品的趣味性和吸引力，让观众更容易被吸引和打动。

不同元素之间的差异可以创造出幽默的效果。例如可以将大与小、强与弱、严肃与滑稽等对比鲜明的元素放在一起，引起观众的注意。

例如可以让角色做出出人意料的反应或行为，图 4-42 展示了一位骑在猪上的古代将军，这张图片充满了幽默感和戏剧性，将军与猪的奇特组合激发了观众的好奇心和想象力。

提示词：一位古代将军骑在一头奔跑的猪上，3D 细节丰富，8K 超高清，缥缈感，平衡对称，蜡像感，白背景。

图 4-42   骑在猪上的古代将军

在使用幽默手法时，应审慎把握其分寸。过度的幽默可能会使作品显得轻浮或失去重点，而适度的幽默可以更好地吸引观众并传达作品的核心信息。

十二、讽刺

运用讽刺手法可以让图片变得更加有趣。在绘画领域中，讽刺手法是一种常见的艺术表现方式，通过夸张、对比、模仿等方式来批评或揭示一些社会事实，如图 4-43 所示。讽刺可以是对某个社会现象或者某些人行为的讽刺，也可以是对某个场景的讽刺解读。

提示词：一幅讽刺画，破碎的王座，工人运动，象征，隐喻，19 世纪。

图 4-43   通过讽刺手法来批评或揭示一些社会事实

运用讽刺手法之前要明确讽刺的对象，可以是某种行为、某种思想或某个社会现象。只有明确对象，才能更好地抓住重点并进行讽刺。象征可以用来深化讽刺的内涵和层次，选择具有代表性且广为认同的隐喻和象征元素，引导观众领悟更多的信息和含义。

十三、重复

重复手法通过重复某种元素或图像来强调某种强烈的氛围，给观众留下深刻的印象。在广告中经常重复使用品牌标志来提高用户对品牌的认知度。例如，一个古代人拿着手机，表情吃惊，如图 4-44 所示，背后有无数重复的人像，给观众留下了非常深刻的印象。

提示词：一个古代人，拿着手机，吃惊表情，背后有无数重复的人像。

图 4-44　一个古代人拿着手机，表情吃惊

重复的元素也可以是形状、颜色、线条或纹理等，要确保选择的重复元素与作品的主题和风格相符。重复使用相同的元素可以营造整体氛围，使观众更容易地分析出作品的主题和风格，从而加深对作品的理解和印象。控制重复元素的排列和间距可以增强作品的节奏感。读者可以尝试不同的排列方式，如规则排列、交错排列或渐变排列，创造出不同的视觉效果。

在使用重复手法时，要注意观众的视觉习惯和心理感受，避免出现过度重复或过于复杂的排列，以免给观众带来视觉上的疲劳。

图 4-45　一个半真人、半机器

人的局部特写

十四、局部特写

局部特写通过聚焦某个细节或局部来展现整体信息或概念。例如可以用一个半真人、半机器人的局部特写来表达"人机结合"的概念，如图 4-45 所示。

提示词：一个展现人脸面容的美女机器人，面部特写。

局部特写可以用来传递情感和信息，通过细腻的描绘，使观众感受到画面所传达的情感或具有的特殊含义。例如通过角色的眼神特写，可以表现角色的情绪和内心的想法等。

十五、色彩运用

可以运用不同的色彩来表达不同的情感或概念。例如使用暖色调来表达温暖和亲和力，使用冷色调来表达冷静和距离感。暖色调的运用如图 4-46 所示，经过精心构图，作品采用了暖色调，展现出真实照片的风格，"水果动物"的形象被生动地呈现出来。

提示词：暖色调，真实照片风格，呆萌可爱的水果动物。

要注意选择与作品主题和整体风格相符的色彩。不同的色彩代表的情感不同，如红色代表激情、蓝色代表冷静等。另外，运用色彩对比可以突出画面的重点和层次感。通过亮度、饱和度和色调等色彩对比方式，可以使画面更加生动和引人注目。

例如可以在暗调背景中使用明亮的色彩来突出主体。同时要在画面中保持色彩的平衡，避免画面过于拥挤或单调。合理分配不同颜色的占比可以使画面看起来协调、美观，可以组合使用互补色或相邻色来实现色彩的平衡。

图 4-46　暖色调的运用

十六、奇幻

奇幻手法，即构建奇幻的世界观和设定，创造出独特的奇幻元素，如神秘生物、魔法物品、异域场景等。这些元素应具有独特的外表和奇幻的属性，能够引起观众的兴趣和好奇。该手法通过合理使用色彩、光线和阴影等，营造出奇幻的氛围，如图 4-47 所示。

提示词：一个在打坐的神，3D，细节丰富，8K 超高清，缥缈感，平衡对称，蜡像构图，背景为天宫。

图 4-47 用 AI 营造出奇幻的氛围

使用柔和的色调和光影可以营造神秘和浪漫的氛围，使用冷色调和尖锐的阴影可以营造紧张和神秘的氛围。可以通过夸张和变形来强调奇幻元素的特点，例如夸大生物的形态、动作幅度，或者改变物体的比例和透视关系，以创造出超现实的视觉效果。

十七、跨材质合成

跨材质合成手法将绘画与摄影、雕塑等其他艺术形式相结合，再运用 AI 技术，创作出层次分明、具有丰富视觉效果的作品。

要根据作品的主题和风格选择合适的材质。使用材质前充分考虑各种材质（如纸张、布料、石材等）的特性，以及它们的表现力和带来的视觉效果。利用材质产生雕塑效果，如图 4-48 所示。

提示词：一个中国古代男子雕塑，做出 V

图 4-48 利用材质产生雕塑效果

形手势。

所选材质的特性（如纹理、质感等）不同，能够创造出的视觉效果也不同。还可以运用拼贴、融合、交叠等形式将不同材质的元素有机地结合在一起，从而创造出独特的画面。

十八、重新诠释经典

运用 AI 技术还可以对经典绘画作品进行重新诠释，以创新的方式展现传统艺术的魅力。挑选具有代表性的经典元素，如传统的图案、纹理等。这些元素应具有广泛的认知度和深刻的文化内涵，能够引起观众的共鸣。读者要对所选的经典元素进行深入的研究和分析，了解它们的历史背景、文化内涵和艺术特点。

使用 AI 将达·芬奇的经典名作《最后的晚餐》更换为中国画风格，如图 4-49 所示，会产生让人意想不到的效果。

提示词：最后的晚餐，中国画风格。

图 4-49　中国画风格的《最后的晚餐》

以上仅是 AI 绘画的一些创意示例。这些视觉表达的创意技巧或手法可以在各种类型的作品中使用，如广告、海报、插画等。它们可以帮助设计师和艺术家更好地传达自己的创意和想法，吸引观众的注意力并给他们留下深刻的印象。

随着技术不断发展，未来 AI 将存在更多可能性，等待富有创造力的创作者去探索和发现。

第五章

AI 生成演示文稿技术

■ 第一节　AI 生成演示文稿技术概述

一、AI 生成演示文稿技术的基础

AI 生成演示文稿技术依托于自然语言处理、智能排版等先进 AI 技术，通过深度解析用户的指令，能够自动创建出既专业又极具吸引力的演示文稿，显著提升了演示文稿的制作效率和文档质量。

通过多种 AI 技术的协同，用户能够动态、创造性地生成结构合理、内容连贯、视觉效果佳的演示文稿。此外，AI 能够根据用户的反馈进行迭代优化，这一技术的出现帮助了广大知识工作者。

二、AI 生成演示文稿的过程

AI 生成演示文稿的过程一般可以分为以下 4 个阶段。

1. 主题与内容生成

用户输入演示文稿主题之后，AI 会对其进行自动解析和理解，生成关键信息和大纲结构，用户确认后再生成相关内容。在这个阶段，AI 文案生成技术发挥了重要作用。

2. 模板匹配

根据解析得到的内容，AI 会考虑演示文稿的整体风格和设计原则，从模板库中选取合适的模板，用户也可以根据需要选择不同的模板。

3. 设计优化

模板匹配完成后，AI 会根据选择的模板对演示文稿的颜色、字体、字间距等进行调整。在这个阶段，用户也可以根据自己的喜好和对内容的理解选择特定的排版样式。

4. 输出展示

AI 将生成的演示文稿以可视化的方式展示给用户，并允许用户进行进一步的编辑和调整。在这个阶段，用户可以根据自己的需求对演示文稿进行自定义和调整，以满足特定的演示需求。

三、AI 生成演示文稿技术的优势

与传统、纯人工的演示文稿制作方式相比，AI 生成演示文稿技术具有显著的优势，具体如下。

1. 效率高

AI 生成演示文稿技术可以自动解析用户的输入并根据需求生成高质量的演示文稿，帮助用户节省大量的时间和精力。用户只需要输入基本的信息和需求，就可以让 AI 自动完成剩余的工作。这大大节省了制作演示文稿的时间，使用户能够更专注于提升演示文稿内容的质量。

2. 成本低

传统的演示文稿往往需要聘请专业的设计师进行设计和制作，因此成本较高。而 AI 生成演示文稿技术则可以大大降低这个成本，使得更多的人可以享受到高质量的演示文稿制作服务。

第二节　智能生成演示文稿工具

智能生成演示文稿工具不仅能提升用户的工作效率，还能激发用户的创造力，帮助用户以更加生动、形象的方式将演示文稿展现出来。无论你是初学者还是专业人士，都能找到适合自己的工具。下面为读者推荐几款实用的智能生成演示文稿工具。

一、AiPPT

用户输入演示文稿主题或主要内容后，AiPPT 平台就可以在线自动生成完整的演示文稿，包括标题、大纲结构以及具体内容等。

1. 输入演示文稿主题

先进入 AiPPT 平台的编辑界面，如图 5-1 所示。AiPPT 平台提供了两种演示文稿生成方案：一种是智能生成，另一种是根据已有大纲生成。

单击"AI 智能生成"按钮之后，就会弹出用于输入演示文稿主题的界面，在这个界面中输入演示文稿主题即可。这里输入"如何成为出色的 PPT 设计师"，如图 5-2 所示。

图 5-1　AiPPT 平台的编辑界面

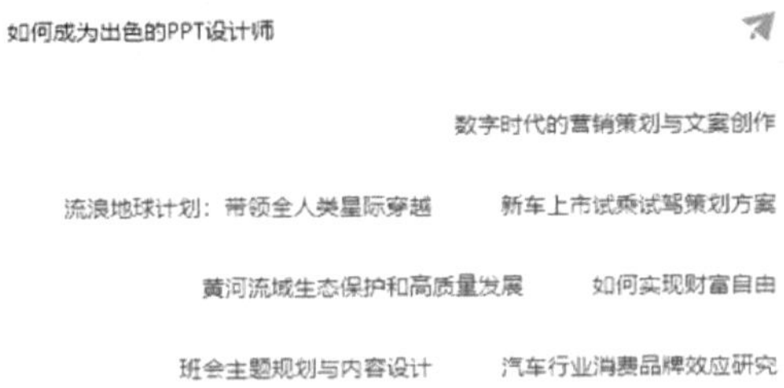

图 5-2　输入演示文稿主题

2. 确定大纲结构和风格等

　　输入主题之后，AiPPT 平台会自动生成一个层级分明的演示文稿大纲，如图 5-3 所示。

　　如果满意这个大纲，可以直接单击"挑选 PPT 模板"按钮。如果不满意，可以单击"换个大纲"按钮，直到生成满意的大纲为止，也可以根据自己的想法修改大纲内容。

图 5-3　自动生成演示文稿大纲

单击"挑选 PPT 模板"按钮之后，就会进入演示文稿风格选择界面，如图 5-4
所示。

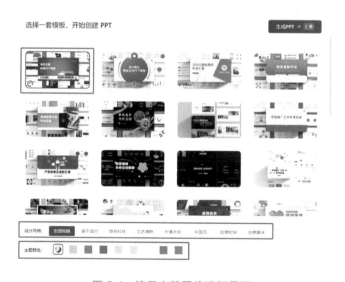

图 5-4　演示文稿风格选择界面

在这个界面中可以根据自己的需要选择演示文稿的设计风格和主题颜色，也可以直接选择参考模板。

3. 生成演示文稿

单击"生成 PPT"按钮，AiPPT 平台就会自动生成相应的演示文稿，如图 5-5 所示。

图 5-5　生成的演示文稿

单击右下角的"去编辑"按钮，可以修改演示文稿的具体内容，演示文稿的编辑界面如图 5-6 所示。

图 5-6　演示文稿的编辑界面

在确定内容之后，单击右上角的"下载"按钮，即可下载整个演示文稿。

4. 利用大纲智能生成演示文稿

AiPPT 平台也可以根据已有大纲智能生成演示文稿。在编辑界面中单击"导入本地大纲"按钮，如图 5-7 所示。

图 5-7　导入本地大纲

上传 Word 文档或者思维导图等大纲文件，如图 5-8 所示。

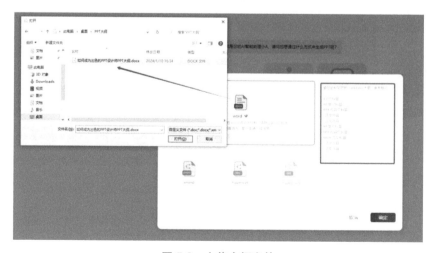

图 5-8　上传大纲文件

良好的 Word 文档结构可以帮助 AI 更好地理解我们的需求。Word 文档结构参考如图 5-9 所示。

图 5-9　Word 文档结构参考

上传大纲之后，参考智能生成演示文稿的步骤，跟随系统提示一步步操作即可。

二、MindShow

MindShow 是一个用于自动生成演示文稿的在线工具，主要特色为根据大纲自动生成演示文稿。MindShow 拥有丰富的模板库和设计元素，能帮助用户快速地创建专业且引人注意的演示文稿。

此外，MindShow 还支持导入 Markdown 格式的文件，能一键生成演示文稿。接下来，介绍一下用 MindShow 制作演示文稿的步骤。

1. 输入演示文稿主题

首先需要输入一个明确的演示文稿主题，如图 5-10 所示。这个主题将作为 AI 创作的核心参考内容，帮助 AI 确定一个具体的、有针对性的写作方向。在确定了主题之后，AI 就会根据这个主题生成相应的内容概述（以下称为"大纲"）。

图 5-10　输入演示文稿主题

使用这样的方法，我们能够有效地利用 AI 的写作能力，同时确保生成的大纲与演示文稿主题保持一致。

2. 调整演示文稿

在用 AI 生成演示文稿大纲后，我们可以根据自己的工作环境、经验或演示文稿的目标读者等对其进行适当的调整，如图 5-11 所示。单击"生成 PPT"按钮即可生成演示文稿，如图 5-12 所示。

通过适当的调整，我们能够确保最终的演示文稿不仅符合主题要求，而且符合实际工作的要求。调整的过程也体现出人类与 AI 在创作过程中的协作与互补，于是，最终生成的大纲既具有 AI 的智能性，又不失人类的独特视角和特色。

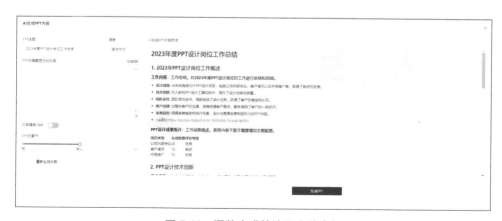

图 5-11　调整生成的演示文稿大纲

图 5-12　单击"生成 PPT"按钮

3. 选择模板生成演示文稿

MindShow 还提供了多种模板供用户选择，如图 5-13 所示，能够满足商务、学术、设计等场景的演示需求，用户能从中找到符合自己需求的风格。这些模板不仅包含不同的配色、字体、背景等视觉元素，还具有各种专业的版式设计和动画效果，可使演示文稿更加美观、生动，也更加具有吸引力。

图 5-13　选择模板

用户只需要简单操作几步，就可以在 AI 的帮助下快速将大纲转化为一份高质量的、具有专业水准的演示文稿，大大节省了时间和精力，提高了工作效率。这对经常需要制作演示文稿的用户来说无疑是一个非常实用和便捷的工具。

三、iSlide

iSlide 用于解决演示文稿编辑过程中的问题，它能帮助用户生成或修改演示文稿，从而更高效地创建出专业的演示文稿。

它可与 PowerPoint 和 WPS 演示文稿无缝对接，其模板可以直接插入 PowerPoint 或 WPS 演示文稿中，用户只要会使用演示文稿就会使用 iSlide，大大节约了用户的学习成本。iSlide 提供了演示文稿模板、主题、案例、图表和图标等素材。

总的来说，这是一款强大的 PPT 插件，包含多种实用的功能和工具，可以帮助用户快速制作出专业的演示文稿。接下来介绍如何使用 iSlide 制作演示文稿。

1. 输入演示文稿主题

单击"iSlide AI"按钮，出现功能调用对话框，如图 5-14 所示。

图 5-14　功能调用对话框

在功能调用对话框中选择"生成 PPT"，然后进行下一步操作，即输入演示文稿主题，如图 5-15 所示。

图 5-15　输入演示文稿主题

这里输入"平面设计年终汇报"，按回车键后，iSlide 会自动生成一个演示文稿大纲。

2. 调整大纲内容

单击"编辑"按钮可以进入大纲编辑界面，以便对大纲进行修改，如图 5-16 所示。

图 5-16　对大纲进行修改

修改好大纲后直接单击"保存"按钮，即可返回上一级界面，单击"生成PPT"按钮即可生成演示文稿。修改完成的大纲如图 5-17 所示。

图 5-17 修改完成的大纲

3. 选择模板生成演示文稿

iSlide 也提供了许多演示文稿模板，用户可以根据自己的需要进行选择。生成的演示文稿和部分可选模板如图 5-18 所示。它还提供了大量免费素材，可选择的范围非常广。

图 5-18 生成的演示文稿和部分可选模板

这一款插件的特点与前两款有所不同，它主要用于生成演示文稿结构，即只有一级和二级标题，没有具体内容的演示文稿。在不同需求下，它同样提供了不同风格的演示文稿模板，如图 5-19 所示。

图 5-19　不同风格的演示文稿模板

四、秒出办公

秒出办公是一款基于 AI 技术的在线演示文稿自动生成平台，用户只需要输入主题或主要内容，它便能在极短的时间内将一份结构清晰、设计美观的演示文稿呈现在用户眼前。

这个平台集成了海量的演示文稿模板，还提供了丰富的图表、表格等素材，用户可以轻松制作出高质量的演示文稿。它还支持多人在线协作，团队成员可以在同一份演示文稿上进行编辑和讨论，这大大提高了团队工作效率。接下来介绍利用秒出办公制作演示文稿的具体操作。

1. 输入演示文稿主题

在文本框中输入演示文稿主题，单击"智能生成"按钮，如图 5-20 所示。

2. 确定大纲结构

单击左侧文字可以直接进行大纲的修改，如图 5-21 所示。

图 5-20　输入演示文稿主题

图 5-21　修改演示文稿的大纲

3. 选择模板生成演示文稿

同样，秒出办公有大量演示文稿模板，如图 5-22 所示。在自动生成演示文稿之后，用户可以再次切换演示文稿模板，得到更多不同风格的演示文稿。

图 5-22　演示文稿模板

第三节　智能抠图和图片美化工具

一、智能抠图和图片美化工具的重要性

演示文稿制作是一项需要细心与创意的工作，而在这个过程中，图片风格不一致、素材质量参差不齐会导致演示文稿的视觉效果难以满足演示需要，此时就需要使用智能抠图和图片美化工具来处理图片素材。

智能抠图功能能帮助设计师迅速而精准地去除图片中的多余元素，将观众的视线聚焦在核心信息上。这种处理方式不仅可以凸显重点，还可以使关键内容更加醒目，有助于信息的有效传递。

层出不穷的智能抠图和图片美化工具显著提高了设计师的工作效率，抠图等烦琐的图片处理工作被大大简化，让设计师有更多的时间去构思和完善演示文稿内容。更为重要的是，智能抠图和图片美化工具激发了设计师的创造力，让他们能够尝试更多新颖的设计手法。

二、美图秀秀

美图秀秀是常用的图片处理软件，也提供了一些辅助制作演示文稿动画的功能。它拥有强大的图片处理和编辑能力，可以对图片进行美化、裁剪、添加滤镜等操作，还能在图片上添加文字、贴纸等元素。在演示文稿的制作过程中，可以使用美图秀秀对图片进行预处理和美化，使其更加符合演示文稿的整体风格。

这款软件操作简单、效果良好，比较适合新手使用。接下来介绍使用美图秀秀进行图片处理的过程。

（1）登录美图秀秀后选择"智能抠图"，如图 5-23 所示。

图 5-23 美图秀秀的"智能抠图"

（2）上传要处理的图片，如图 5-24 所示。

图 5-24 上传图片

然后，软件会进行自动抠图，如图 5-25 所示。

图 5-25　自动抠图

1. 原图与抠图后的效果对比

通过仔细对比，我们可以明显地发现，这款软件展现出了令人满意的抠图能力。不仅如此，它还能够应对更为复杂的背景，并在处理过程中展现出相当高的精细度。无论是微小的细节还是大范围的图像调整，它都能应对自如。原图与抠图后的效果对比如图 5-26 所示。

图 5-26　原图与抠图后的效果对比

2. 智能背景和更多尺寸

美图秀秀不仅能实现比较精细的抠图效果，还为用户提供了多种智能背景。

它可以为抠出的图像自动匹配协调的背景图案和色彩，使图像与背景完美融合，提升其整体视觉效果。

同时，美图秀秀还提供了尺寸修改的功能，无论是大尺寸的高清图片，还是适用于社交媒体的小尺寸图片，它都提供了相应的选项，以便用户选择。智能背景和更多尺寸选择界面如图 5-27 所示。这些功能的加入使得美图秀秀在抠图与图片处理方面更加灵活，满足了用户的多样化需求。

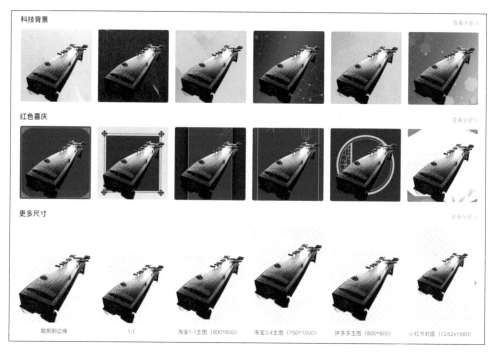

图 5-27　智能背景和更多尺寸选择界面

三、创客贴

创客贴是一个简单且易用的在线设计网站，具备很多设计功能，这里对其智能抠图功能进行简单介绍。创客贴提供了多种滤镜和特效，可以帮助用户轻松制作出具有艺术感的图片。

1. 选择"智能抠图"功能

选择创客贴首页的"智能抠图"功能，如图 5-28 所示，进入图片上传界面。

图 5-28　"智能抠图"功能

2. 上传要处理的图片

单击"上传图片"按钮，图片上传对话框如图 5-29 所示。

图 5-29　图片上传对话框

上传要处理的图片后，创客贴将自动进行图片识别和抠图，抠图前后的效果对比如图 5-30 所示。

图 5-30　抠图前后的效果对比

四、removebg

removebg 是一个免费的智能抠图在线网站，能够快速消除图片的背景，还提供了简单的背景模板。下面对它的主要功能做简单讲解。

1. 上传图片

上传操作非常简单，单击"上传图片"按钮后选择要处理的图片即可，如图 5-31 所示。

图 5-31 上传图片

2. 自动处理图片

上传图片后网站会自动识别图片的主要内容并进行抠图，如图 5-32 所示，操作比较简单、智能。

图 5-32 网站自动识别图片的主要内容并进行抠图

3. 添加背景

单击"添加背景"按钮，给图片添加合适的新背景，如图 5-33 所示。

图 5-33　添加新背景

这些结合了智能技术的软件和工具极大地提升了设计师的抠图效率和抠图效果，能让演示文稿、海报等的视觉效果更好。

■ 第四节　PPT 插件让动画更加丰富多彩

一、PPT 插件的妙用

什么是 PPT 插件？ PPT 插件是指为 PowerPoint 或 WPS 演示文稿提供额外功能的第三方工具，这些第三方工具以菜单或按钮的形式运行在 PowerPoint 或 WPS 演示文稿中，免去了用户安装软件的麻烦，方便用户的操作。

这些插件能够扩展软件的功能，让用户的使用体验更好，进一步增强其创作能力。

PPT 插件可以提供各种各样的资源，例如图片、图表库、数据可视化工具、动画、转场特效、模板和主题等。

下载并安装完 PPT 插件后，PowerPoint 或 WPS 的菜单栏或工具栏中会出现相应的选项或按钮等。PPT 插件有很多，这里推荐笔者在试用大量同类产品之后筛选出来的一款优秀插件——Motion Go。

二、Motion Go 插件

Motion Go 是一款专业的 PPT 动画插件，与 Microsoft Office 和 WPS 等主流

办公产品兼容。Motion Go 插件的特点是拥有智能动画库，能够实现专业的演示文稿动画演示效果，因此它对想提升演示文稿动画效果的人来说是一个不错的选择。

1. Motion Go 菜单

安装 Motion Go 之后，PowerPoint 的菜单栏中会出现 Motion Go 菜单，其中有"智能动画"按钮，如图 5-34 所示。

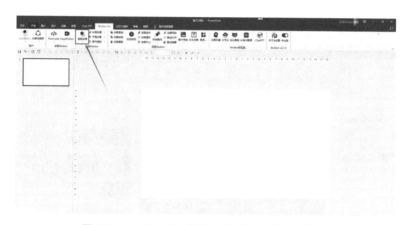

图 5-34　Motion Go 菜单中的"智能动画"按钮

2. 动画案例库

单击"智能动画"按钮可以打开动画案例库，如图 5-35 所示。

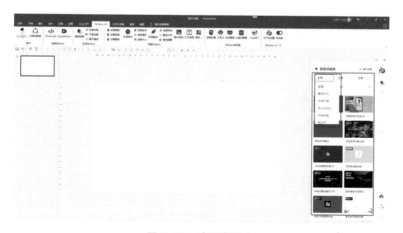

图 5-35　动画案例库

　　这是一个非常有用的 PPT 动画资源合集，可以提供许多灵感和创意。使用已经制作好的动画案例可以节省用户大量的时间和精力，因为这些动画案例由专业人士设计并优化过。

　　此外，这些动画案例还可以提供很多关于动画设计、视觉效果设计和交互设计的想法，帮助用户实现更好的动画效果。

　　单击要使用的动画案例，可以直接调用其中的所有动画，并且可以进行二次编辑。该插件还能修改设计元素的颜色，在左侧的编辑器中，可以根据需要修改标识和其他素材的颜色，如图 5-36 所示。

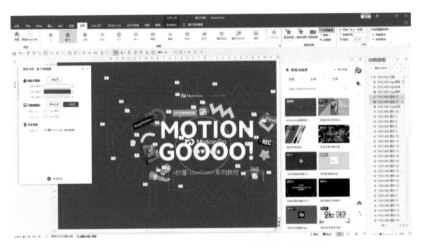

图 5-36　根据需要修改标识和其他素材的颜色

第六章

AI 语音合成技术

第一节 AI 语音合成技术简介

一、语音在短视频中的作用

语音在短视频中就像是一位出色的指挥家，它影响着观众的情绪和注意力，让他们更好地沉浸在短视频的世界中。很多短视频的配音妙趣横生，让人有继续听下去的欲望；有的配音则优美柔和，如同一缕清风，轻轻拂过观众的耳畔，为短视频营造出温馨、舒适的氛围；有的配音情绪激昂，如同战斗的号角，激发观众的热情和好奇心。因此，配音对短视频的视听效果有非常大的影响。

现在有不少短视频使用 AI 配音。与传统的人工配音相比，AI 配音具有更强的灵活性，用户只需要输入文字、选择音效，就能生成丰富多样的配音，极大地提高了用户的工作效率。

二、配音的分类

现在短视频创作者的竞争日益激烈，连续创作出优秀的作品是需要花费很多精力的。其中，配音的作用不容忽视。

配音可以分为以下 5 种类型。

1. 旁白配音

旁白配音可以为短视频提供清晰明了的解释和引导，使观众更容易理解短视频的内容。旁白配音的风格可以根据短视频的主题和目标受众进行调整。

例如在家庭教育类短视频中，旁白配音可以采用专业、亲切的风格；而在娱乐类短视频中，旁白配音就需要更加生动和有趣。

2. 角色配音

角色配音可以为短视频中的角色赋予个性和生命力，引起观众的情感共鸣。不同的角色可以采用不同的配音风格，以突出他们的性格特点。

例如在搞笑类短视频中，角色配音可以采用夸张、滑稽的风格；而在情感类短视频中，角色配音可以更加感性和细腻，从而烘托气氛。

3. 背景音效

背景音效可以为短视频增添特定的氛围和情感色彩，通过伴奏音乐和环境音效等元素营造出特定的情境。例如在恐怖或悬疑类短视频中，背景音效可以采用惊悚、紧张的风格；而在温馨或浪漫类短视频中，音效可以更加柔和、舒缓。

这几年流行的文旅类短视频常采用大片式的拍摄手法，除了在视觉效果上精益求精，还注重观众的听觉感受，整体效果很不错。在短视频中添加合适的背景音效往往能取得意想不到的效果，从而提升观众的观看体验。

例如在介绍某地自然风光的短视频中，可插入鸟儿的鸣叫声、风声、水流声等环境音效，让观众仿佛身临其境。在介绍茶文化的短视频中，插入古筝、古琴等的音效会让观众沉浸在品茶的意境之中。

4. 插入式音效配音

插入式音效配音指的是在视频中增加一些意想不到的音效，例如短视频平台里的搞笑类视频经常会插入一段哈哈大笑的配音，以吸引观众的注意。卡点音效也属于插入式音效配音。

在短视频转场时插入过渡音效，如开门声、关门声、闪光快门声等，能够让观众更好地理解场景的转换，给观众留下深刻的印象。

【注意】音效的插入时机与视频的内容和节奏相匹配才能达到最佳效果，否则会适得其反。同时，音效的质量和音量也需要与视频内容相匹配，以免声音太大或太小而影响观众的视听体验。

5. 多语言配音

多语言配音对有外语或方言转换需求的创作者非常有用，可以让不同语言背景的观众都能够理解和欣赏视频内容。

多语言配音可以根据不同语言的语音特点，用 AI 生成对应的配音。

三、TTS 技术简介

语音合成（Speech Synthesis）是一种 AI 技术，它能把文本信息转换成声音，也被称为"文本转语音"（Text-to-Speech，TTS）技术。TTS 技术的主要目标是通过模仿人类发声机制创造出逼真、自然、流畅的语音。

TTS 技术可广泛应用于需要声音播报的各个领域，如语音播报新闻、小说，以及视频中的讲解音频等。

1. TTS 技术的优势

（1）提高创作效率

用 AI 配音时语音生成的速度很快，能大大减少创作者在创作过程中花费的时间和精力，从而缩短整个短视频的制作周期。

（2）降低配音成本

语音合成的成本非常低。使用真人配音的成本为每分钟几十元到几百元不等，如果只是少部分配音，成本并不高，但需要大量配音时，这就是一笔不小的开支了。

用 TTS 技术来配音不仅提高了速度，而且还降低了成本，尤其适用于网络文学、儿童故事等需要大量配音的内容。

2. TTS 技术的应用场景

（1）自媒体

TTS 技术在自媒体行业中的应用最为广泛，如短视频、新闻播报、广播剧等。这些应用为用户带来了丰富的语音体验。

（2）智能语音助手

TTS 技术在智能语音助手（如苹果的 Siri）上有很多应用，广泛应用于智能手机、平板计算机和智能家居设备。它们通过 TTS 技术为用户提供实时语音反馈，以实现人机交互。

（3）电子教材

TTS 技术在电子教材领域得到广泛应用，例如为学生提供有声读物、学习资料的朗读以及外语发音辅助等。这些应用能有效提高学生的学习兴趣，从而提升教学效果。

（4）辅助听力

TTS 技术在无障碍技术中发挥着关键作用，它将文本信息转换为语音输出，使视障人士能借助智能手机等设备方便地获取语音信息。

四、声音复刻技术简介

声音复刻（或称声音克隆）技术是一种新型 AI 技术，它可以通过分析一个人的原始声音特征（如音高、音长、音强等）生成与原始声音相似的新声音。该技术可用于语音合成、语音识别、在线课程等领域。

声音复刻技术已经成熟，只要分析一个人几分钟的语音样本，就可以生成与该样本高度相似的新语音，实现了"让任何人说任何语言"的目标。这种技术可以用于根据文本生成声音，也可以用于个人 IP 打造、课程录制等。

目前豆包以及国内部分网站提供了声音复刻功能，读者也可以在互联网中搜索"声音克隆"或"声音复刻"，查找相关软件或工具，在这些软件或工具中训练自己的声音模型。

第二节　在线 TTS 产品的使用

一、TTS 技术的发展与评价标准

1. TTS 技术的发展

近几年随着 AI 技术的迅速发展，TTS 技术也突飞猛进，部分企业推出的 TTS 技术的语音生成效果已经接近真人发音，而且带有恰当的语气和情感，因此在短视频、新闻播报等领域得到广泛应用。下面为读者介绍一些优秀的 TTS 技术，减少读者自己摸索的时间。

国内至少有几十家企业拥有 TTS 技术。现在许多大型互联网企业，如科大讯飞、微软、字节跳动、腾讯、米哈游等都推出了自己的 TTS 技术。互联网上也有一些开放源代码的 TTS 模型，可供具有技术背景的用户搭建自己的 TTS 平台，绝大多数用户只需要用现成的 TTS 产品就可以满足需求。

2. 合成语音评价标准

互联网上能够搜索到的 TTS 产品有很多，常见的有几十款，对它们的语音生成效果进行测评是很有必要的。业内较为认可的评价标准为"平均意见得分"（Mean Opinion Score，MOS），合成语音评价标准如表 6-1 所示。

在正式的 MOS 测试中，企业会邀请业内专家从音质、流畅度、正确性、自然度、分词与停顿水平、音色这 6 个方面对合成语音进行打分，再将各个分数的平均值作为合成语音的最终评分。

对绝大多数普通用户来说，邀请相关专家进行专业测评是行不通的，而且也没有必要，因此在评分表中自行打分即可。评分表的作用主要是让评分者从 6 个维度对合成语音进行打分，从而让语言合成的效果有一个相对细分且量化的标准。

笔者试用了市场上主流的 TTS 产品，这里将一款配音质量较高的产品推荐给读者，这样能节省读者大量的试用和选择时间。

表 6-1　合成语音评价标准

评级	评分	音质	流畅度	正确性	自然度	分词与停顿水平	音色
最优	5	广播级	高	高	很自然，无法分辨合成和真人声音	高	优秀
优	4.5	普通人对话水平	高	高	整体完整，无明显不正常韵律起伏	高	较优秀
较优	4	1～2 个音节模糊	无明显卡顿	无明显错误	无严重音韵错误	无明显错误	良好
良	3.5	偶尔有几个音节不清晰	比较流畅	错误较少	韵律起伏比较正常	较为正常	较好
中	3	有一些音节不清晰	不太流畅	有易察觉的错误	韵律有一些不正常	有一些错误	一般
差	2.5	有一些词不太清晰	不流畅	难以理解	基本没有韵律起伏	错误较多	差
劣	2	很不清晰	很不流畅	无法理解	没有韵律起伏	错误很多	明显机器音

二、使用讯飞智作合成语音

1. 网站特点

讯飞智作是由科大讯飞推出的一款集 AI 生成视频、AI 生成语音、AI 虚拟人等功能于一体的 AI 平台，其中有 AI 文本转语音工具，包括语音合成、语音识别、语音翻译、语音转写等功能。"AI+音频"功能能把文字转换成流畅、自然的语音，并提供了数百种发音人声。

2. 进入网站

打开讯飞智作官网后，单击"AI+音频"按钮进入语音合成页面。在空白区域输入待转换的文本，讯飞智作提供了"纠错""改写""翻译"功能，便于用户对文本进行处理，然后再将其转换为声音文件。

3. 选择配音风格

确定文本后，单击左上角的人物头像，可以选择合适的配音风格。可以从多种维度选择配音，如性别（男声、女声）、年龄（少儿、青年、中年、老年）、领域（新闻、小说、纪录片、解说、教育、广告等）、风格（自然流畅、亲切温和等）、语种（普通话、英语等）等。讯飞智作提供了多种配音风格，如图 6-1 所示，可以打造出优秀的配音效果。

图 6-1　讯飞智作提供多种配音风格

选择配音风格后，调整语速和语调等参数，然后单击"生成音频"按钮，等待几秒，即可将文本转换成生动、流畅的语音。

4. 特色功能

"AI+音频"功能还支持编辑效果，例如调整音量、语速、语调等，并且可以通过插入换气、连续、停顿等标记调整合成语音的韵律。"AI+音频"工具栏如图 6-2 所示。它还支持多人配音，能够一次性合成多人对话的声音文件。

纠错　　改写　　翻译　　多音字　　数字　　换气　　连续　　停顿

多人配音　多语种　局部变速　局部变调　局部音量　背景音乐　导入文件

图 6-2　"AI+音频"工具栏

如果文件中有其他语言，可以先选中这种语言的文本，然后单击"多语种"按钮，在弹出的对话框中选择该语种的配音风格。主播选择界面如图 6-3 所示。

图 6-3　主播选择界面

可以单击"试听"按钮试听，找到理想的配音风格之后，单击"使用"按钮，就可以开始生成语音了。双语种配音示例如图 6-4 所示，在播放时会调用之前选中的配音风格。

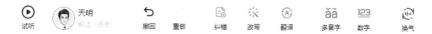

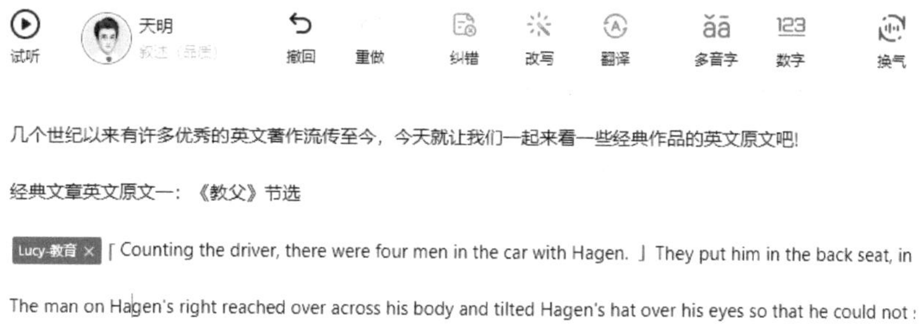

试听
天明
撤回
重做
纠错
改写
翻译
多音字
数字
换气
几个世纪以来有许多优秀的英文著作流传至今，今天就让我们一起来看一些经典作品的英文原文吧！
经典文章英文原文一：《教父》节选
Lucy-教育
「Counting the driver, there were four men in the car with Hagen.」They put him in the back seat, in
The man on Hagen's right reached over across his body and tilted Hagen's hat over his eyes so that he could not

图 6-4 双语种配音示例

对于语音合成，基本上掌握这些知识就可以了。如果需要线上批量生成语音，那么可以用导入批量文件的方式。如果要大批量生成语音，可借助 PC 端工具，这样速度会快很多。

第三节 语音录制及剪辑软件简介

一、PC 端录音和剪辑的重要性

手机麦克风录制的声音一般无法与专业麦克风相比，对声音要求不高的短视频可以用手机录音，但是在线课程等对画面和声音有品质要求的知识付费类短视频就不能使用手机来录音，而要使用计算机以及专业的软件来录音。有时甚至需要使用专业的声卡硬件，以保证音频质量达到预期。

另外，在做系列短视频时，为了保持风格一致和强化品牌特色，往往会增加片头、片尾音频，这就需要对录音进行合成处理。同时，也会经常产生各种各样的录音瑕疵，如噪声、杂音、回声、口齿不清等，这些瑕疵或多或少会影响音频的质量和效果，因此处理这些瑕疵是非常有必要的。

虽然现在处于移动 App 和短视频时代，但是作为专业的内容制作方，为了保证质量和效率，使用 PC 端软件对声音、视频进行编辑和处理是非常重要的。这些软件可以帮助我们添加片头或片尾音乐、删除不需要的声音、消除噪声或杂音和调节音频音量等。

能够录制和剪辑声音的软件有许多，但是它们各有各的优势和缺陷，这里推荐笔者经常使用的楼月免费 MP3 录音软件和 GoldWave，这两款声音录制和编辑软件方便易用且功能强大，基本上能满足常见的语音处理和剪辑要求。

二、使用楼月免费 MP3 录音软件快速录制声音

楼月免费 MP3 录音软件是一款国产的 Windows 版免费录音软件，与其他录音软件相比，它的优势主要在于小巧、简单、易用，使用它录音跟使用 MP3 播放器一样简单。但它的录音功能并不弱，有灵活的设置功能，能够满足用户的大多数录制需求。

楼月免费 MP3 录音软件的主界面如图 6-5 所示，非常简洁明了。此时，只需要单击"开始"按钮就可以录制音频了。

【注意】在录制前需要确定录制的音源，如果设置错误，是得不到理想的效果的。打开"文件"菜单，选择"设置"，弹出"设置"窗口，如图 6-6 所示，可以根据需要设置音源。可以单独录制麦克风的声音，也可以录制计算机播放的任何声音，还可以二者同时录制。

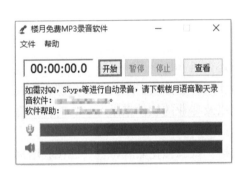

图 6-5　楼月免费 MP3 录音软件的主界面

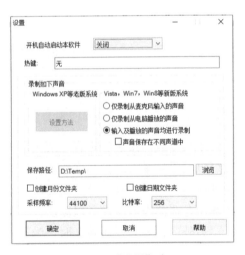

图 6-6　"设置"窗口

如果需要在录制麦克风声音的同时录制背景音乐，就要另外打开一个能单独调整音量的 MP3 播放器，把 MP3 播放器的音量调到最大音量的 20% ~ 30%（这样做的目的是防止背景音乐声音太大，调低其音量不会影响麦克风声音），就可以同时录制麦克风声音和背景音乐了。需要注意的是，不要调整 Windows 系统的播放音量，而是调整 MP3 播放器中的音量。

在"设置"窗口中，也可以对采样频率、比特率进行调整。对于一般人声，使用 44100 Hz 采样频率、256 kbit/s 的比特率即可。如果想让声音更清晰，可以用更高的比特率，但生成的文件要大一些。

三、使用 GoldWave 快速录制声音

GoldWave 是一款小巧但功能强大的音频编辑软件，集声音编辑、播放、录制和转换等多种功能于一身，可以对声音文件进行复制、粘贴、混合、替换、覆盖等操作，也可以用于转换音频格式，还能够批量处理大量文件，基本满足短视频、声音播报等领域对声音剪辑的需求。

GoldWave 具有直观的编辑区域和方便又实用的编辑功能，新手也能很快熟悉并掌握它的操作。该软件自带多种音效处理功能和声音特效，可以简单、快捷地对音频进行特效处理。

1. 导入音频文件

打开"文件"菜单，选择"打开"，在计算机中找到想要处理的音频文件，导入音频文件，如图 6-7 所示。

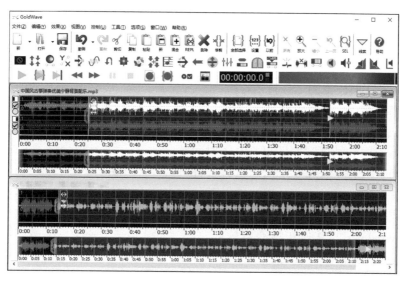

图 6-7　导入音频文件

2. 选择音频片段

在 GoldWave 中选择音频片段有两种方式。要想对打开的音频片段进行处理，就必须先了解如何选择音频片段。

（1）拖动鼠标选择音频片段

第一种方式是按住鼠标左键并拖动，选择相应的区域，编辑区域中会出现大

括号，大括号之间的高亮区域即选中的音频片段，如图 6-8 所示。在绝大多数情况下，这种方式能够满足用户选择音频片段的需要。

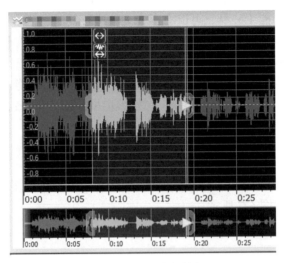

图 6-8　选中的音频片段

（2）基于时间范围选择音频片段

第二种方式可以精确地选择音频片段。单击鼠标右键，弹出快捷菜单，选择"设置开始标记"或"设置完成标记"，在弹出的对话框中输入想要选择的音频片段的开始时间和结束时间即可。基于时间范围选择音频片段如图 6-9 所示。这种选择方式需要知道要选择的音频片段准确的开始时间和结束时间。

与 Windows 的其他音频编辑软件一样，GoldWave 可以对音频进行剪切、复制、粘贴、删除等操作。这些常用操作十分简单，除了可以使用"编辑"菜单中的命令实现，还可以使用快捷键实现。

例如要剪切一段音频，选中需要剪切

图 6-9　基于时间范围选择音频片段

的部分，按 Ctrl+X 组合键即可，这段音频就会消失。再把鼠标指针移动到想粘贴这段音频的位置，按 Ctrl+V 组合键就能将刚才剪切的音频粘贴到指定位置。同样，还可以用 Ctrl+C 组合键进行复制操作，用 Delete 键进行删除操作，用 Ctrl+Z 组合键进行撤销操作等。

3. 导出选中的音频片段

用 GoldWave 导出音频片段是很简单的，只要选中要导出的内容，打开"文件"菜单，单击"将选择保存为"选项，如图 6-10 所示，然后输入导出的文件名称就可以了。音频片段的采样率等参数与源文件相同，如果要改变采样率等参数，可以在确认导出前单击"属性"按钮进行设置。

图 6-10　单击"将选择保存为"选项

4. 淡入和淡出

淡入是指音频播放开始时音量从小到大的过程，淡出是指音频播放结束时音量从大到小的过程。淡入和淡出效果可以带给听众音量由低到高或由高到低的过渡感。

淡入与淡出效果的实现过程非常相似，先要选择淡入或淡出的音频片段，然后单击主界面右上角的"淡入淡出：淡化选择"按钮，如图 6-11 所示。

图 6-11　"淡入淡出：淡化选择"按钮

在弹出的对话框中单击"OK"按钮，即可实现选中音频片段的淡入或淡出效果。"淡出"对话框如图 6-12 所示。

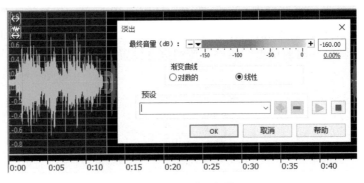

图 6-12 "淡出"对话框

5. 降噪

音频降噪能够很好地保留原声，同时降低音频中的噪声，使音频听起来更清晰。具体操作是先打开"效果"菜单，单击"过滤"选项，再单击"降噪"选项，如图 6-13 所示。

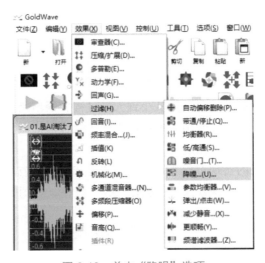

图 6-13 单击"降噪"选项

在弹出的窗口中可以进行参数的配置，也可以展开"预设"下拉列表，逐个播放试听，挑选出降噪效果最好的预设，最后单击"OK"按钮。选择降噪预设界面如图 6-14 所示。

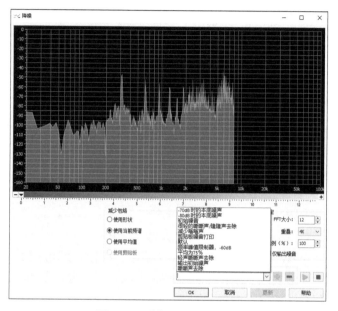

图 6-14　选择降噪预设界面

6. 调节音量

在处理音频时，常常需要对部分片段进行音量弱化或加强等操作。先选择需要进行音量处理的片段，单击"改变音量"按钮，然后在弹出的对话框中调整黑色小箭头的位置，或者输入具体的音量值来改变音量，也可以选择预设的调节音量的方案，最后单击"OK"按钮完成音量调节，如图 6-15 所示。

图 6-15　调节音量

7. 变速

变速就是加快或者减慢音频播放的速度，以控制其播放时间。先选择需要进行变速处理的片段，单击"时间"按钮，然后在弹出的对话框中输入具体的长度变化，或者选择预设方案，最后单击"OK"按钮即可实现选中片段的变速播放。变速对话框如图 6-16 所示。

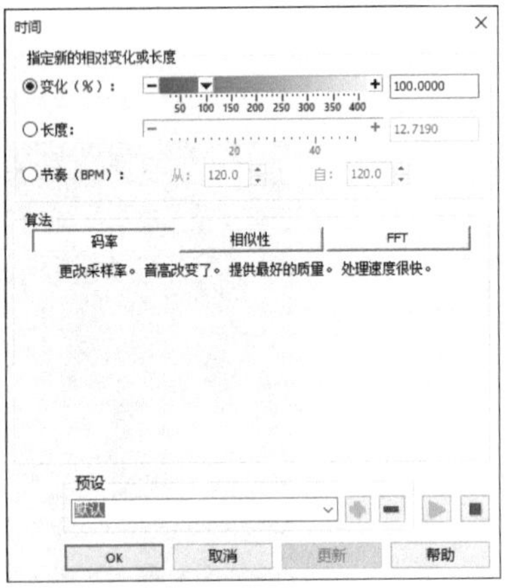

8. 转换格式

音频的格式非常多，有常见的 WAV、MP3 等，也有无损格式 FLAC、压缩格式 OGG 等。需要转换音频格式时，可以使用 GoldWave 软件来实现。

对编辑后的音频文件进行格式转换的操作也比较简单，打开音频文件后打开"文件"菜单，选择"另存为"，设置保存类型，如 MP3、WAV、WMA 等，单击"保存"按钮，即可把所选音频文件保存为指定格式。如果要改变采样率等参数，可以在确认导出前单击"属性"按钮进行设置。音频文件的属性设置如图 6-17 所示。

图 6-16　变速对话框

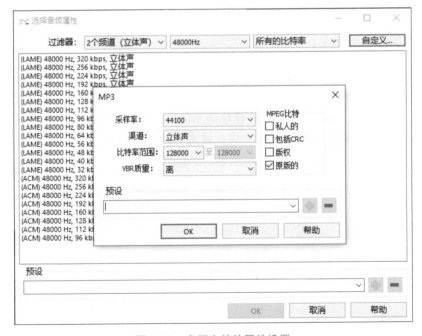

图 6-17　音频文件的属性设置

GoldWave 还有非常多的声音编辑和处理功能，由于篇幅有限，这里不再一一介绍，读者可以自行探索它的更多功能。

第四节   AI 音乐创作——每个人都可能成为音乐家

一、用 AI 辅助音乐创作呈爆发之势

在制作短视频的过程中，背景音乐无疑是非常重要的元素，好的背景音乐对短视频的品质提升具有显著效果。在当前的短视频领域，由于剪辑软件的局限性，导致背景音乐单一，同质化现象严重，观众因此产生音乐审美疲劳，进而严重影响短视频的播放量和播放效果。

AI 音乐创作应用的出现解决了这个问题，为我们的短视频插上了音乐的翅膀，极大提高了短视频制作的效率和质量。

当前 AI 音乐创作应用正在迅速发展，为音乐爱好者和专业音乐人提供了广泛的工具和服务。接下来，介绍一些 AI 音乐创作工具和平台。

1. Suno AI

Suno AI 是一款基于文本的音乐生成工具，能根据用户输入的文本生成具有特定风格和情感的音乐作品。它支持多种音乐风格，可以生成高质量的音乐和人声。

2. DeepMusic

DeepMusic 是一个全流程的 AI 自动作曲工具，集成了 AI 辅助作词、作曲、编曲和混音等功能，为音乐行业提供新的体验和解决方案。

3. Udio

Udio 是一个强大的 AI 音乐创作平台，支持生成多种风格的音乐，并特别强调在合成人声中捕捉情感的能力。它适合专业音乐人、音乐爱好者和创意工作者使用。

4. 网易天音

网易天音是网易云音乐旗下的一站式 AI 音乐创作工具，无须乐理知识即

可上手。它支持 AI 智能快速编曲、作词与创作、一键 demo 和虚拟歌姬歌声合成。

5. TME Studio

TME Studio 是腾讯音乐旗下的 AI 音乐制作工具，提供音乐分离、MIR 计算、辅助写词和智能曲谱等功能。

6. X Studio

X Studio 是由北京红棉小冰科技有限公司联合推出的 AI 歌手音乐创作软件，支持专业歌手水准的 AI 演唱，具备高达 30 轨的 AI 音轨合并能力。

7. Mubert

Mubert 是一个在线 AI 音乐生成网站，可以根据文本描述生成长达 25 分钟的音乐曲目，适用于视频内容、播客和应用程序等。

8. Soundraw

Soundraw 是一个 AI 在线音乐生成工具，用户无须音乐创作知识即可快速生成与内容匹配的音乐。

9. Soundful

Soundful 是一个 AI 音乐生成器平台，使用先进的智能算法创建独特的高品质音乐，支持流媒体平台和社交媒体等。

二、Suno AI 简介

一直以来，作词、作曲和唱歌只是专业从业者所具备的技能，非从业者难以触及。然而，在 AI 进入音乐创作领域之后，彻底改变了这个局面。

Suno AI 的推出，被誉为音乐圈的"ChatGPT 时刻"，标志着 AI 在音乐创作领域的重大突破。通过 Suno AI，任何人都可以轻松实现音乐创作的梦想。

在众多 AI 音乐创作应用中，Suno AI 是目前生成质量较好、操作更便捷的应用。Suno AI 能根据用户输入的简单文本，生成完整的包括旋律、和声、节奏和人声等元素的音乐作品。

该工具的设计理念在于降低音乐创作门槛，使用户即便不具备专业音乐制作能力也能轻松上手。

Suno AI 的主界面如图 6-18 所示。

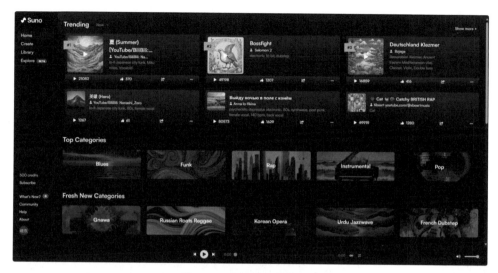

图 6-18　Suno AI 的主界面

1. Suno AI 的核心功能

（1）文本到音乐的转换

用户可以通过输入描述性的文本，如情感、场景或故事，来生成具有相应风格和情感的音乐。

（2）多样化的音乐风格

Suno AI 支持多种音乐风格和类型，用户可以根据需要选择不同的音乐风格，进而生成音乐。

（3）高质量音频输出

Suno AI 致力于打造广播级音乐品质，其最新版本 v3 能够在几秒内创作出完整的两分钟歌曲，提供更高品质的音频及更为丰富的风格类型。

（4）支持多语言

Suno AI 支持多种语言，用户可以使用任何主要语言来在任何时刻创作歌曲。

（5）个性化和定制

Suno AI 允许用户进行个性化设置，包括选择不同的性别和声音风格，以及调整音乐的各种参数来满足个人喜好。

（6）商业使用

Suno AI 的付费用户可以生成可商用的音乐，并且 Suno AI 公司不分享相应收益。

（7）版权保护

Suno AI 在生成音乐的过程中，充分关注版权问题，通过与艺术家和音乐家合作创建的特别委托数据集，确保音乐的原创性和合法性。

2. Suno AI 的创作界面

无论是为了个人娱乐，还是专业制作，Suno AI 都提供了一款强大而易用的工具，只要在它的界面上输入音乐相关的提示词，就能生成各种风格的音乐。Suno AI 的创作界面如图 6-19 所示。

图 6-19　Suno AI 的创作界面

第七章

用 AI 助力短视频创作

第一节　创作短视频前的必备知识

一、选择短视频平台时需考虑的因素

在选择短视频平台时，需要综合考虑多种因素。下面列出了在选择短视频平台时主要考虑的因素。

1. 用户规模和活跃度

平台的用户规模和活跃度是衡量平台影响力和价值的重要指标。例如，抖音和快手等平台拥有 10 亿级别的用户和高度活跃的社区，这使得它们成为许多品牌和个人进行推广和宣传的首选平台。

2. 目标受众匹配度

不同的平台有着不同的用户画像，涵盖年龄、性别、地域、兴趣等多个维度。选择一个与目标受众匹配度高的平台可以提高推广效果。如果目标受众是年轻人，那么抖音更合适；如果目标受众为海外群体，那么抖音国际版更合适。

3. 内容类型和质量

平台内容的类型和质量也是考虑因素之一。例如哔哩哔哩（B 站）的主要内容为 ACG（动画、漫画、游戏），适合推广与"二次元"相关的产品或服务；小红书则以美妆、时尚、生活方式等内容为主，适合做女性相关品牌的推广。

4. 广告形式和费用

此外，还需要考虑平台提供的广告形式和费用。例如抖音的广告形式包括品牌植入、信息流广告、开屏广告等，费用根据广告形式和曝光量等因素而定；快手的广告则更注重效果，按点击数或展示数收费。

5. 同类竞品情况

需要评估平台上同类竞品的情况。一些热门平台上可能已经有大量的同类竞品的推广信息，竞争激烈，而一些小众平台竞争较小，但曝光量也相应较小。

6. 数据支持和跟踪

平台是否能提供详细的数据支持和跟踪功能也是一个重要的考虑因素。例如抖音、快手、微信视频号等均提供了丰富的数据分析工具，可以帮助投放者实时监控广告效果、优化投放策略。

7.　政策和法规

需要考虑平台所在国家或地区的政策和法规。例如某些国家或地区对某类短视频平台的监管较严，推广内容需要符合相关法规的要求。

假设你在经营一个美妆品牌，希望在短视频平台上推广相关产品，选择平台时可以考虑以下因素。

（1）目标受众匹配度：小红书的用户以年轻人为主，尤其是年轻女性，与目标受众匹配度较高。

（2）内容类型和质量：小红书以美妆、时尚内容为主，与美妆类产品相关度较高，且有许多高质量的美妆内容。

综合考虑目标受众匹配度、内容类型和质量这两大因素之后，选择小红书作为主要的推广平台。在实际操作中，往往不会只考虑一种平台，而是兼顾两种或多种平台，以获得更好的推广效果。

二、不可忽视的短视频技术参数

在短视频创作中，技术参数的设置对短视频的质量和效果影响较大，参数设置不当会导致生成的短视频不尽如人意。下面是一些在创作短视频时应该关注的主要技术参数。

1.　分辨率

分辨率是衡量短视频显示质量最重要的指标之一。对于短视频，常见的分辨率有 720p、1080p 和 4K 等。高分辨率的短视频能够呈现更清晰、细腻的画面效果，但同时对处理性能要求较高，会占用更大的存储空间。目前 1080p 分辨率是基本够用的。

2.　帧率

帧率是指短视频每秒显示的帧数。常见的帧率有 25 帧 / 秒、30 帧 / 秒和 60 帧 / 秒等。高帧率能够呈现更加流畅、自然的画面效果，尤其适用于表现快速运动的场景。

对一般应用场景来说，25 帧 / 秒的帧率是够用的，太高的帧率会使短视频文件急剧增大，因此是没有必要的。

3. 编码格式

编码格式决定了短视频的压缩方式和质量。常见的编码格式有 H.264、H.265 等。选择合适的编码格式可以在保证短视频质量的同时减小短视频文件的大小，提高短视频的传输效率。

H.264 编码格式占用带宽大，但是对处理器的要求较低；相对而言，H.265 编码格式占用带宽小，但对处理器的要求较高。目前 4K 以下的短视频仍然以 H.264 编码格式为主。

4. 比特率

比特率是指短视频每秒传输的比特数。比特率越高，短视频的质量就越好，但同时也会占用越大的带宽和存储空间。在选择比特率时，需要根据短视频的分辨率、编码格式和内容复杂度等因素进行权衡，不同分辨率和编码格式下的推荐比特率如表 7-1 所示。

表 7-1　不同分辨率和编码格式下的推荐比特率

编码格式	分辨率		
	480p	720p	1080p
H.264	1800 kbit/s	3500 kbit/s	8500 kbit/s
H.265	2500 kbit/s	5000 kbit/s	8000 kbit/s

5. 音频参数

音频参数包括采样率、位深度和声道数等。这些参数对音频的质量和效果有着重要影响。在设置音频参数时，需要根据短视频的内容和需求进行调整，以达到最佳的音频效果。

对于普通摄像机拍摄，音频参数设置为 44kHz、16 位、立体声是足够的。如果是手机拍摄的短视频，那么音频效果会随手机性能的不同而不同，但基本上都能满足对声音清晰度的要求。

6. 色彩空间

色彩空间是指短视频中使用的颜色范围和精度。常见的色彩空间有 sRGB、Adobe RGB 和 YUV 等。选择合适的色彩空间可以保证短视频颜色的准确性和一致性，提高短视频的色彩表现力。

7. 镜头和传感器的性能

使用手机或相机拍摄短视频的用户还需要关注镜头和传感器的性能。这些因素会影响画质、对焦速度和曝光控制等。一般来说，价格越高的手机，其拍摄质量也越好。读者可以选择拍摄性能好的手机，以提升拍摄质量。

在调整短视频技术参数时，需要根据短视频的内容、需求和拍摄设备的性能进行综合考虑，以达到最佳的视频效果。

第二节 用 AI 创作短视频

一、AI 短视频创作流程

使用 AI 技术可以更快速、高效地生成短视频。AI 短视频创作流程如图 7-1 所示。

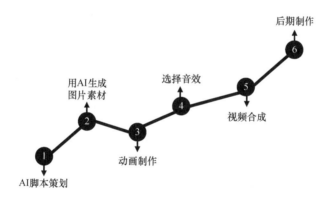

图 7-1 AI 短视频创作流程

接下来分别讲解 AI 短视频创作流程中的各个阶段。

二、AI 脚本策划

AI 脚本策划是短视频创作流程中的第一个阶段，也是决定短视频质量的基础性工作。这个阶段需要考虑短视频的内容特点、受众群体和传播渠道，确定短视频的主题和大致内容，并设计出短视频的基本框架，包括内容表现、故事情节、人物设计、画面风格、画面长宽比、分辨率、特效滤镜等。

现在很多网站提供 GPT 服务，甚至 PC 端软件、微信小程序等都提供了用

AI 生成短视频脚本的功能，但是大部分情况下 AI 生成的短视频脚本缺乏创意、趣味性和独创性。

然而，AI 可以作为非常有益的补充，尤其是在创作者没有创意的时候，AI 生成的脚本能够提供新的思路。随着 AI 技术的不断进步，其生成的脚本质量也会越来越高。

三、用 AI 生成图片素材

在确定了短视频的主题和基本框架后，需要运用 AI 进行图片创作。这个阶段主要是用 AI 生成与主题相关的图片素材，并进行筛选和编辑。在这个阶段需要考虑图片的色彩、风格、布局、分辨率等，以便更好地呈现短视频的主题和内容。

使用最新的 AI 生成图片技术可以显著提高图片创作的效率和质量，这就是 AIGC 的魅力所在。AI 生成的图片素材如图 7-2 所示。

图 7-2　AI 生成的图片素材

【技巧】AI 生成的图片并不是每次都能达到预期，有时还会产生让人意想不到的效果。但是这些特殊的效果或许能为创作者带来极大的启发。

四、动画制作

在获得满意的图片素材之后，需要使用这些图片素材制作出有创意的动画。

这个阶段的主要目标是根据创意要求将静态的图片转化为动态的画面。

目前制作动画的专业软件（如 Animator）的操作还比较复杂，这会让部分创作者望而却步。对视觉效果要求不高的普通创作者来说，使用 WPS 制作动画是一种简单而便捷的方法。

目前 WPS 在性能、功能、素材和价格方面表现优异，WPS 操作简单，也更适合用于制作简单动画，如图 7-3 所示。

图 7-3　WPS 更适合用于制作简单动画

对于文字和画面同步性要求不高的创作者，可以直接使用视频剪辑软件制作动画和特效。

五、选择音效

音效是短视频中不可或缺的一部分，使用与画面内容和节奏相匹配的音效可以让短视频更加吸引人。因此在动画制作完成之后，还需要为短视频选择音效。

这个阶段的目标主要是寻找与短视频主题和内容相关的音效，并进行筛选和编辑。可以使用 AI 技术来自动筛选和编辑音效，以提高工作效率和音效质量。同时，还需要考虑音效的音量、节奏和氛围等因素，以便更好地表现短视频的主题和内容。随着 AI 技术的不断发展，将来 AI 或许可以根据画面特点生成对应风格的音效。

可以从视频剪辑软件中选取音效，也可以在专门的网站上购买和下载音效素材，音效素材网站如图 7-4 所示。如果用于商业用途，注意从正规网站购买和下载有商业授权的音效。

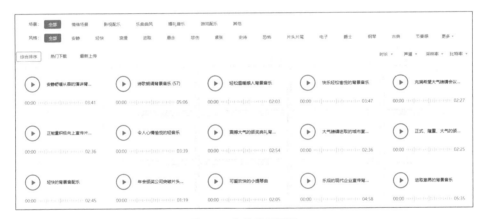

图 7-4　音效素材网站

六、视频合成

选择好音效后，需要将所有的图片、动画、音效等素材合成在一起，形成完整的视频。这个阶段主要是对图片、动画和音效等素材进行整合和编辑，以形成一个在视觉、听觉方面都表现良好的视频。

视频合成已经成为一种非常重要的技术。无论是电影、电视剧、广告还是短视频，都需要通过视频合成技术来塑造视觉效果和传达信息。

视频合成需要选择合适的镜头、音效，然后为视频添加合适的文字和特效，以呈现故事情节和表达情感。创作者需要理解故事的结构和节奏，可以将最吸引人的部分呈现给观众，引导他们的情绪和注意力。

视频素材主要有四大来源：拍摄、屏幕录制、软件生成、AI 软件生成。

1. 拍摄

单反相机、数字摄像机、手机等设备是最为常见的视频录制设备。随着智能手机的普及，大多数短视频创作者开始使用手机拍摄短视频。

2. 屏幕录制

对于内容丰富，或者某些难以通过口述讲解的知识，可以先在计算机中制作课件，然后通过屏幕录制的方式将画面和声音录制下来，这也是一种非常常见的方式。

3. 软件生成

借助视频软件可以生成真实世界中不存在的画面，如虚拟城市、虚拟人物等。这种通过软件生成视频的方式也很常见。

4. AI 软件生成

运用强大的 AI 软件可以生成各种类型的视频，且 AI 软件生成的视频效果比非 AI 软件生成的视频效果更为惊艳。未来可能会有越来越多的短视频由 AI 软件生成，人类可能正步入丰富多彩的视听时代。

七、后期制作

后期制作不仅是一个技术活，更是一个艺术活。创作者需要具有丰富的创意和较强的审美能力，通过运用各种镜头和特效来传达情感和表现主题。同时，创作者还需要具备丰富的技术知识以及熟练的软件操作技巧，以便高效地进行后期制作。

可以运用剪辑软件和剪辑技巧将原始素材转换为具有吸引力和连贯性的作品。后期制作的工作量比较大，在这个阶段中，可以使用便捷、易用的视频编辑软件来提高效率。同时，还需要考虑短视频的长度、背景音节奏等因素，以便更好地呈现短视频要表达的主题和内容。剪映等软件的功能强大、易用，特效和素材丰富，剪映的主界面如图 7-5 所示。

目前 AI 还不能自动生成令人满意的视频（AI 技术发展很快，也许一两年后此类技术或能趋于成熟）。另外，还需要考虑动画、特效的流畅度、逼真度和创新性等，因此需要使用专业的视频剪辑及特效制作软件来完成后期制作，这样才能更好地提升短视频的内容价值，吸引目标观众的注意力，让短视频播放量迅速增加。

图 7-5　剪映的主界面

下面介绍短视频后期制作中常用的效果和技巧。

1. 滤镜和美颜

添加滤镜和使用美颜功能可以让短视频呈现出不同的色彩和光影效果，使人物皮肤看起来更加光滑、细腻。有的滤镜还可以将人物的面部转换为卡通风格。

2. 转场效果

当从一个场景切换到另一个场景时，添加转场效果可以增强短视频的连贯性。

3. 特效道具

添加动态贴纸、动画元素、表情符号等特效道具，可以让短视频更加有趣和生动。

4. 慢动作 / 快动作

调整短视频播放速度，形成慢动作或快动作，可以突出某个重要瞬间或者营造出特别的节奏感。

5. 时光倒流

这类特效可以将短视频中的场景或人物带到过去，营造出一种奇幻的效果。

6. 分屏效果

将屏幕分成多个部分，同时展示不同的场景或内容，可以增加短视频的信息量。

7. 抖动效果

还有一些在抖音和快手中比较受欢迎的特效，例如抖音的"抖动"特效可以让画面产生微震效果，一度成为抖音的"招牌"特效。创作者可以根据需求和短视频内容对这些特效进行选择和运用，制作出极具吸引力和观赏性的短视频。

素材合成之后，需要对视频进行剪辑。这个阶段主要是对视频进行精剪和调整，使其更加流畅、生动和有趣。同时，还需要考虑视频的过渡效果、视觉效果和音效等是否完善，以便更好地提升视频的质量和价值。推荐使用强大而易用的视频剪辑、特效软件来加快制作过程。

经过上述几个阶段，短视频作品就制作完成了。下一步就是将短视频发布到相应的平台和社交媒体上，让更多的观众看到。

第三节 AI 短视频创作实例

前面讲解的用 AI 进行短视频创作的理论知识比较抽象，接下来结合具体的实例进行讲解。

一、如何用 AI 策划脚本?

做到有创意往往是最难的，很多人在制作短视频时头脑中一片空白，不知从何下手。如果没有什么头绪，不如"请教"一下 AI。

各种 GPT 网站（如豆包、文心一言、Kimi 等）集成了 AI 生成文案工具，可以向它提问："如何策划一个以《感遇·兰叶春葳蕤》为主题的短视频呢？"文心一言给出如下回答。

《感遇·兰叶春葳蕤》是唐代张九龄的一首诗，这首诗以兰草为题材，抒发了诗人对于人生际遇的感慨。为了策划一个以《感遇·兰叶春葳蕤》为主题的短视频，我们可以参考以下步骤。

1. 确定视频风格和情感基调

根据《感遇·兰叶春葳蕤》这首诗的意境和情感，我们可以选择一种古朴典雅的风格，营造出一种静谧、沉思的氛围。情感基调以感慨人生、抒发情感为主。

2. 选取场景和角色

场景：可以选择一个古色古香的庭院或者花园作为拍摄场景，以兰花为主要元素进行布置，展现出诗中所描述的景象。

角色：设定一位身着古装的主角，可以是诗人，也可以是其他文人墨客。通过主角的独白或与其他角色的对话展现诗中的情感和思考。

3. 设计剧情和镜头

开场：镜头从庭院的一角慢慢拉近，展现盛开的兰花和古朴的建筑，同时配以悠扬的古风音乐，将观众带入诗的意境。

主角独白：主角在庭院中漫步，深情地吟诵《感遇·兰叶春葳蕤》，同时通过独白表达自己对人生的感慨和思考。镜头可以适时切换至主角的面部特写，展现其情感变化。

剧情展开：可以设置一些与诗中意境相符的剧情，如主角与其他文人墨客交流、品茗论道等，展现古代文人的生活状态和思想碰撞。

高潮：主角在抒发情感时，可以通过一些意象化的镜头展现诗中的意境，如飘落的花瓣、流水等，将观众的情感推向高潮。

结尾：镜头拉远，展现出庭院的全景和盛开的兰花，配以主角深情的吟诵声，让观众沉浸在诗的美好意境中。

4. 后期制作和发布

在后期制作阶段，可以对视频进行剪辑、调色和音效处理，使其更加符合古朴典雅的风格和静谧、沉思的氛围。最后选择合适的平台进行发布和推广。

从上面的实例中可以看出，AI 的确考虑得比较周到，对视频风格、情感基调、场景、角色、剧情、镜头等都给予了明确的设定，具有较高的参考价值。

【注意】AI 在提出策划方案时并不知道创作者创作短视频的预算、人力、时间等条件，因此该策划方案是一种理想状态下的方案，创作者需要根据具体情况进行相应的取舍。

有了基本创意之后，在 AI 文案平台和工具（如豆包、文心一言、WPS AI 等）中输入"我要做一个以《感遇·兰叶春葳蕤》为主题的短视频，请写一个短视频镜头脚本。"

AI 生成的镜头脚本如表 7-2 所示。

表 7-2　AI 生成的镜头脚本

序号	拍摄场地	拍摄时间	光线和颜色	景别	拍摄方法	镜头时长	画面	角色动作	人物台词/旁白	音乐/音效	后期剪辑和特效要求
1	古庭院	白天	自然光、明亮	大远景	静止镜头	10s	庭院全景，兰花盛开	无	旁白：兰叶春葳蕤，桂华秋皎洁	古风音乐	缓慢淡入
2	古庭院	白天	自然光、明亮	近景	推镜头	7s	主角面部特写，深情专注	主角慢慢走向镜头	主角台词：感遇之际，情深似海	古风音乐、人声	缓慢推镜头，突出主角情感变化
3	古庭院	白天	自然光、明亮	全景	跟镜头	5s	主角全身，衣袂飘飘	主角走动，品茗论道	主角台词：与君共饮，此生足矣	古风音乐、人声、茶水音效	跟随主角移动，展现文人墨客生活状态
4	古庭院	白天	自然光、明亮转暗淡	特写	旋转镜头	6s	飘落的花瓣，流水潺潺	无	旁白：飘落的花瓣，如同那逝去的时光	古风音乐、风声、水声	加入花瓣飘落和流水特效，将观众情感推向高潮
5	古庭院	黄昏	自然光、暖色调	大远景	拉镜头	10s	庭院全景，兰花在黄昏中盛开	无	旁白：岁月静好，只因有你在身旁	古风音乐、黄昏鸟鸣音效	拉远镜头，展现庭院全景和盛开的兰花，加入夕阳余晖特效，让观众沉浸在诗意的美好意境中。最后缓慢淡出

这个脚本是基于《感遇·兰叶春葳蕤》一诗的意境和情感设计的，通过不同的镜头和画面展现诗中的景象和情感。每个镜头的拍摄方法、画面、角色动作、人物台词、旁白、音乐、音效都是精心设计的，营造出了一种古朴典雅的风格和静谧、沉思的氛围。后期剪辑和特效要求也明确列出，以确保最终视频的效果符合预期。

由此可见，借助 AI 的力量可以快速生成短视频镜头脚本。这样的脚本对于创作短视频有很大的参考价值，对实际创作具有指导意义，但是不能完全照搬。

笔者参考了 AI 生成的脚本之后，经过自己的思考完成了短视频的脚本策划，如表 7-3 所示。

表 7-3　短视频的脚本策划

具体内容	工具 / 来源	备注
视频尺寸、格式等基本信息	本人设定	采用 9∶16 的尺寸，高清格式
文字	互联网	诗词网站、百度百科等
图片	AI 生成	7 张与诗对应的古风图片，添加切换动画，以表现诗中意境
声音	互联网	本诗的朗读配音
动画效果	WPS 演示	图片保存在演示文稿中，并形成动画
视频、音频合成	WPS 音视频录制与合成	将图片、动画、声音合成视频
环境特效	剪映	落叶特效等
后期剪辑	剪映	剪切，去除无用的内容

用表格来展示上述信息不是很直观，可以将其转换为思维导图。在 AI 平台（如文心一言等）中输入"请将下列内容转换为思维导图软件可以识别的格式"或"请将下列内容转换为 Markdown 格式"，然后将表格上传到 AI 平台，即可得到思维导图软件可以识别的 Markdown 格式的文本。

如果要将 Markdown 格式的文本导入思维导图软件，并生成对应的思维导图（见图 7-6），需要按照以下步骤操作。

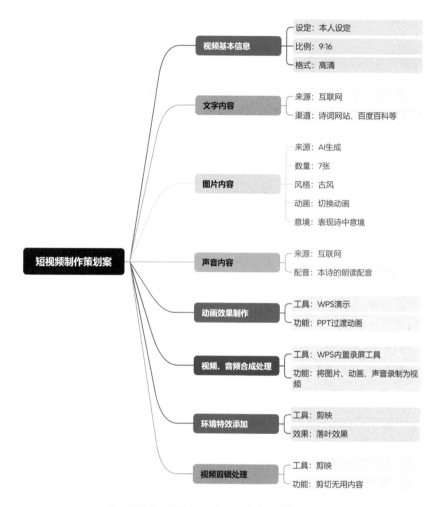

图 7-6　制作短视频《感遇·兰叶春葳蕤》的思维导图

（1）将 Markdown 格式的文本复制到文本编辑器（如记事本、TextEdit 等）中，并将其保存为相应的文件（如"mindmap.md"），注意需要将文件保存为纯文本格式，并使用".md"作为扩展名，编码格式一般使用 UTF-8。

（2）打开一款支持 Markdown 格式的思维导图软件（如 Xmind、MindNode等）。例如，在 Xmind 中选择"文件"-"打开"，导入已保存的 Markdown 格式的文本。等待软件处理并生成对应的思维导图后，可以根据需要调整思维导图的布局、颜色和字体样式等。

二、如何用 AI 生成图片？

1. 确定要呈现的内容

在用 AI 生成图片之前，必须确定想要呈现的内容是什么。可以在互联网上找到相关的诗歌内容，并根据需要进行修改，得到以下内容。

感遇·兰叶春葳蕤

【唐】张九龄

兰叶春葳蕤，桂华秋皎洁。

欣欣此生意，自尔为佳节。

谁知林栖者，闻风坐相悦。

草木有本心，何求美人折！

【译文】

春天里的幽兰翠叶纷披，秋天里的桂花皎洁清新。

世间的草木勃勃的生机，自然顺应了美好的季节。

谁想到山林隐逸的高人，闻到芬芳因而满怀喜悦。

草木散发香气源于天性，怎么会求观赏者攀折呢！

【注释】

兰：此指兰草。

葳（wēi）蕤（ruí）：形容草木茂盛的样式。

桂华：桂花，"华"同"花"。

生意：生机勃勃。

自尔：自然地。

佳节：美好的季节。

林栖者：山中隐士。

坐：因而。

本心：天性。

美人：指山中隐士。

闻风：闻到芳香。

2. 制作图片素材表

短视频的图片素材如表 7-4 所示。

表 7-4 短视频的图片素材

图片	图片描述	风格	比例	分辨率
封面图片	一位古代中年男性诗人在花园中漫步	中国画	1:1	1024 px × 1024 px
作者简介图片	一位古代年轻男性诗人在美丽的花园中漫步	中国画	1:1	1024 px × 1024 px
第一句	花园背景，一棵生机盎然的树，一只鸟落在树枝上	中国画	1:1	1024 px × 1024 px
第二句	美丽的绿色山谷，瀑布，流水，水潭	中国画	1:1	1024 px × 1024 px
第三句	一位古代中年男性诗人在花园中漫步	中国画	1:1	1024 px × 1024 px
第四句	一位古代少女在美丽的花园中摘花	中国画	1:1	1024 px × 1024 px
作品意境图片	同作者简介图片的描述	中国画	1:1	1024 px × 1024 px
结尾画面	一位古代少女在美丽的花园中读书	中国画	1:1	1024 px × 1024 px

3. AI 图片生成

（1）封面图片的生成

登录文生图网站，输入以下提示词。选择中文版提示词或英文版提示词均可，但推荐创作者使用英文版提示词，因为 AI 对英文的理解能力更强。

中文版提示词：画一位漫步在美丽花园中的古代中年男性诗人。这个场景应该体现出中国传统文化的美学底蕴，采用精细的笔触和鲜艳的色彩。花园里开满了鲜花，有熟透的果实，植物郁郁葱葱。诗人穿着传统服装，体现出一种宁静和深思的氛围。

英文版提示词：Image of an ancient middle-aged male poet, meandering through an exquisite garden. The scene should reflect the aesthetics of traditional Chinese art, employing delicate strokes and subtle colors. The garden is brimming with blooming flowers, ripe fruits, and lush plants. The poet was dressed in traditional attire, embodying a state of tranquility and deep thought.

输入提示词后，等待 1 ～ 2 分钟，就会得到如图 7-7 所示的图片，可以看到无论是在风格上，还是表达的意境上，该图片都比较理想。

图 7-7　一位漫步在美丽花园中的古代中年男性诗人

因为有的文生图网站并不能按比例生成图片，所以需要根据短视频比例对原图进行切割，这样才能得到理想的图片。

【技巧】由于处理短视频中的图片会花费相当多的时间，因此创作者必须搭配使用多种工具，才能有效地解决可能出现的各种问题。

当遇到不同比例的图片如何切割的问题时，例如，如何将 1∶1 的图片快速切割为 9∶16 的图片？笔者尝试了很长时间，因为 AI 把握不好比例，所以需要选择能够限定比例的裁切工具。

在按比例裁切图片的工具中，最有效的工具就是 WPS 图片，具体操作步骤如下。

①在资源管理器中选中某图片，并单击鼠标右键，在弹出的菜单中选择"打开方式"下的"WPS 图片"，从而用 WPS 图片打开图片，如图 7-8 所示。

②打开 WPS 图片右上角的"编辑"菜单，选择"裁剪旋转"，如图 7-9 所示。

③打开"自由比例"菜单，选择需要的图片比例，如图 7-10 所示，然后拖动鼠标按指定的比例选择图片区域，非常方便。

图 7-8 用 WPS 图片打开图片　　　　　　　图 7-9 选择"裁剪旋转"

图 7-10 选择需要的图片比例

④在裁切图片的时候，WPS 图片会自动显示九宫格，便于创作者查看人物的位置，非常直观。因为我们要做的短视频是为了展示诗歌内容，而人物起的是陪衬作用，所以在裁切的时候应该把人物放在左侧，为诗歌内容预留空间，如图 7-11 所示。

【注意】生成封面图片后，应该在 WPS 演示中新建一个文档，将演示文稿页面比例调整为 9：16，这样在手机终端中才能获得良好的观看感受。现在自适应横屏和竖屏的技术还未成熟，如果要制作横版的视频，那么需要在比例为 16：9的演示文稿中重新制作。

裁剪   标注   调色   插入

9：16 ▼ 576 宽 × 1024 高

576 * 1024

图 7-11　裁切时把人物放在左侧，为诗歌内容预留空间

（2）作者简介图片的生成

作者简介图片的生成与封面图片类似，只是更换了画面人物，如图 7-12 所示。

中文版提示词：一位古代的年轻男诗人在美丽的花园中漫步。场景以中国传统绘画的风格呈现，采用细腻的笔触和鲜艳的颜色。花园里开满了鲜花，有成熟的果实，植物生机勃勃。诗人穿着传统服装，表情平静，营造出一种宁静和沉思的氛围。

英文版提示词：An ancient young male poet of descent, wandering in a beautiful garden. The scene is rendered in the style of traditional Chinese paintings, employing delicate strokes and subtle colors. The garden is filled with blooming flowers, ripe fruits, and vibrant plants. The poet, dressed in traditional garments, having a serene expression, reflecting an air of tranquility and deep contemplation.

图 7-12　作者简介中使用的图片

与封面图片一样，该图片也要进行一定比例的裁切处理，同样使用 WPS 图片对该图片的比例进行调整。

【注意】由于 AI 还不能完成理解创作者的意图，因此还无法智能地剪切指定内容的图片，这一部分需要创作者手动完成。

将处理后的图片复制到演示文稿中。由于人物在画面中间，放入作者简介文字之后，画面会显得不协调，因此，需要对文本框进行设计，使得图片和文字有机地融为一体。

【技巧】可以在演示文稿中采用圆角长方形样式的文本框来展现文字，并调整文本框的透明度，使得文字更清晰，同时也使背景更美观。

（3）作品意境图片的生成

作品意境图片与作者简介图片相同，因此直接复制图片后，再添加文字内容即可，这里不再介绍。

（4）结尾画面的生成

结尾画面采用了一位古代少女在花园中读书的图片，用来强调"传承文化，品味经典"的主题，结尾画面如图 7-13 所示。

中文版提示词：想象一位年轻的古代少女，她是一位诗人，在精心打造的花园里全神贯注地读书。以中国传统艺术风格渲染花园，采用复杂的笔触和柔和的色彩。花园里的植物生机勃勃，有各种各样的花朵、茂盛的树木等。她穿着中国传统服装，散发出宁静和深沉的气息。

英文版提示词：Create an image of an ancient young woman, who is a poet, deeply absorbed in reading an ancient book in an exquisitely crafted garden. Render the garden in a style reminiscent of the traditional Chinese art, employing complex brushwork techniques and a subdued palette of colors. The plant life in the garden is vibrant and vigorous, complete with a wide range of blooming flowers, thriving plants. Clad in traditional Chinese clothing, the poet exudes an aura of tranquility and profound.

图 7-13　结尾画面

在生成图片之后，就可以根据需要进行裁切。至此，一张古色古香、富有国画韵味的图片就创作完成了，整个过程非常高效。与人工绘画相比，成本显著降低，而且效果特别好。

三、图文混合排版

在准备好图片素材之后，需要将图片与文字对应起来，形成图文并茂的画面，带给观众良好的观看体验。

1. 封面的设计原则

短视频的封面非常重要。在自媒体风行的时代，封面是否能吸引观众的注意力显得尤其重要。封面的重要性主要体现在以下两个方面。

（1）提升短视频的点击率和播放量

当观众看到某个短视频时，首先注意到的就是短视频封面。封面的吸引力往往决定了短视频的点击率和播放量。

（2）体现短视频的专业性

短视频是否有封面、封面是否有标题，往往能直观地体现出该短视频是普通内容创作者制作的还是专业内容创作者制作的。

在设计封面时，应该选择能够准确反映短视频主题的图片或视频画面，并加上简短的标题或字幕，让观众快速了解其内容。

短视频封面的设计需要遵循以下五个原则。

（1）突出主题

封面的设计应该突出短视频的主题，使用与主题相关的图片和文字，让观众能够快速了解短视频的内容。

（2）简洁明了

封面的设计应该简洁明了，不要过于复杂。过于复杂的封面会让观众感到视觉疑惑，难以快速理解短视频的主题。

（3）色彩鲜明

封面的颜色应该鲜明，能够吸引观众的眼球。在选择颜色时，应该根据短视频的主题和内容进行选择，尽量选择符合主题的颜色。

（4）独特

封面的设计应该较为独特，能够吸引观众的眼球。在设计封面时，可以尝试使用不同的图片、字体和排版方式，让封面与众不同。

（5）与短视频内容相符

封面的设计应该与短视频内容相符。在设计封面时，应该尽量选择与短视频内容相符的图片和文字，不要使用过于夸张或虚假的图片和文字。

经过精心设计的封面可以提高短视频的完播率、点击率和播放量，提升短视频的质量和影响力。

2. 封面的排版

在演示文稿中找到由 AI 生成的封面图片。此时需要设计两个绿色的横条，选择合适的字体并添加文字，文字大小以在手机上能够看清楚为宜，不宜过大，也不宜过小。

在左上角放置一个圆角矩形，并添加一个文本框，输入"唐诗三百首"；再在右下角放置一个文本框，输入"[唐] 张九龄"，至此，封面的排版就完成了，如图 7-14 所示。

图 7-14 封面的排版

3. 诗歌正文配图的生成

在完成封面的设计和排版之后，需要生成诗歌正文的配图。因为手机可呈现的内容有限，因此笔者将 4 句诗和注释拆分为独立的 4 页，每页显示一句诗和对应的注释。

正文使用同一张背景图片就可以了，也可以生成 4 张背景图片。这里读者可以根据自己的喜好来生成图片。笔者使用的诗歌正文配图如图 7-15 所示。

中文版提示词：中国画风格，花园背景，一棵生机盎然的树，一只鸟栖息在其中一根树枝上。花园宁静，充满了当地的植物，这棵树以翠绿的叶子和粗壮的枝干脱颖而出。那只鸟在聚精会神地观察周围。在宁静的景色中，有一种与自然和谐相处的宁静感。

英文版提示词：An image featuring a vibrant tree in a garden, capturing the style of early Chinese painting, with a bird perched on one of the branches. The garden is peaceful, filled with local flora, and the tree stands out with its verdant leaves and sturdy branches. The bird is attentively observing its surroundings. There should be a sense of tranquility and harmony with nature conveyed through this tranquil scenery.

图 7-15 诗歌正文配图

4. 作者简介画面的排版

第二张图片是作者简介，在上方放置一个长方形，填充为浅蓝色，并设置其透明度，使其呈现半透明状态。再放置一个圆角长方形，调整圆角大小，然后设置其透明度，使用户既能看清作者介绍文字，又能看到漂亮的底图（以看清字体为主）。作者简介画面的排版如图 7-16 所示。

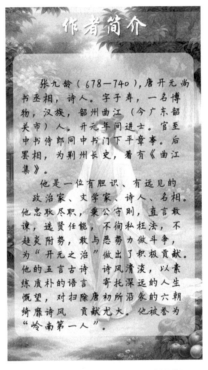

图 7-16　作者简介画面的排版

5. 诗歌正文画面的排版

对于诗歌正文画面的排版，上方采用浅蓝色的长方形显示诗歌标题；下方采用两个淡黄色的圆角长方形，分别显示诗歌内容及对应的译文和注释。为了强调正在朗读的诗句，为对应的诗句设置下划线。诗歌正文画面的排版如图 7-17 所示。

【注意】因为短视频在发布之后，画面下方会显示文案和网友评论，因此下方需要留白，以免短视频画面被文案和评论遮挡。这一点是需要特别注意的，即短视频画面下方不适合放置重要内容。

图 7-17　诗歌正文画面的排版

6. 作品意境画面的排版

作品意境画面采用与作者简介画面一样的图片和版式，只是文字内容不同。作品意境画面的排版如图 7-18 所示。

图 7-18　作品意境画面的排版

7. 封底的排版

封底的排版与封面类似，可直接复制封面，修改底图和标题内容，结语为"传承文化，品味经典"，封底的排版如图 7-19 所示。

图 7-19　封底的排版

四、动画的创意实现

使用 AI 生成静态图片之后，将其裁切成需要的比例，然后复制到同比例的演示文稿中进行图文混排，这样就形成了静态画面。

制作完静态画面之后，需要在页面之间设置切换动画，以及每个页面中视觉元素的进入动画等，这样可以带给观众良好的视觉感受。

1. 页面之间的切换动画

在 WPS 演示中设置页面切换动画是很简单的。

（1）在左侧幻灯片窗格中按 Ctrl+A 组合键，选中所有页面。

（2）切换到"切换"选项卡，其中有很多可选择的切换动画，如图 7-20 所示，这里选择"页面卷曲"。

图 7-20　可选择的切换动画

如果对页面卷曲的方向不满意，可以单击"效果选项"按钮，出现 4 个选项，可根据自己的喜好设置页面卷曲的方向，如图 7-21 所示。

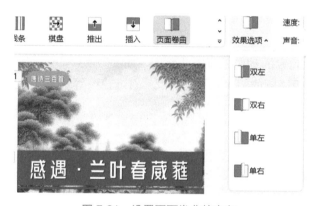

图 7-21　设置页面卷曲的方向

另外，单击"速度"微调按钮可以调节动画速度。如果想在切换页面时播放某种音效，可以展开"声音"下拉列表，从中选择想要的音效。

【注意】如果需要手动切换页面，需要勾选"单击鼠标时换片"选项。如果需要每隔几秒自动切换页面，就勾选"自动换片"选项，并设置自动切换的时间间隔。

2. 页面内视觉元素的动画设置

形状、文本框、图片均为页面内的视觉元素。每一个元素都可以设置动画。诗歌的标题部分不需要设置动画，这里主要对诗歌文本进行动画设置。单击"动画窗格"按钮，在界面右侧显示动画窗格，如图 7-22 所示。

图 7-22　动画窗格

页面内视觉元素的动画效果有很多种，如图 7-23 所示。此外，可以选择视觉效果比较适合短视频的"飞入""擦除""百叶窗"等。

图 7-23　动画效果

【注意】WPS 内置的动画效果有限，但是容易控制，而且易于学习。如果对动画效果有很高的要求，那么可以使用剪映等专业工具来制作动画和特效。

【技巧】在设定好所有的动画之后，需要从头到尾进行演示，确保页面之间的切换动画、页面内视觉元素的动画与画面内容风格一致等。

五、音效的选择

音效对短视频的效果有非常大的影响。合适的音效能给短视频增色不少，还能增强观众对短视频的认同感。

在选择音效时需要考虑以下 6 个方面。

1. 短视频风格和主题

音效应该与短视频的主题和风格相匹配。如果短视频的主题是关于大自然的，那么可以选择优美的自然音效，如鸟鸣、水流声等；如果短视频的风格偏向科幻，就选择未来感、科技感十足的音效，如机械运转声、激光枪声等。本案例是有关古代诗歌的，因此古风风格的音乐是非常适合的。

2. 情感

音效可以辅助传达短视频的情感。如果短视频是欢快的，那么可以选择一些轻快、活泼的音效；如果短视频是悲伤的，那么可以选择一些柔和、悲伤的音效。

3. 节奏和速度

音效的节奏和速度应该与短视频的节奏和速度相匹配。如果短视频的节奏快，就选择一些快节奏的音效；如果短视频的节奏比较缓慢，就选择一些慢节奏的音效。本案例的短视频可以采用节奏舒缓的古风音乐。

4. 前景音和背景音

前景音和背景音是相辅相成的，共同塑造出音频的层次感和立体感。

前景音通常是指直接传递给观众的声音，例如角色对话、特效声音等，这些声音在观众的耳边直接呈现，给观众提供直接的信息和情感体验。

而背景音则是指那些环境中的声音，例如环境音效、背景音乐等，这些声音通过营造氛围来增强观众的沉浸感。

前景音和背景音之间的关系需要合理安排，既要避免相互干扰，又要相互补充。一般来说，前景音应该突出、清晰，而背景音应该柔和、隐约，以营造出更加真实的听觉效果。

同时，前景音和背景音的音量也需要合理控制，避免出现音量过大或过小的情况。合理的音量控制可以让观众更好地感受音频，增强观众的体验。

【技巧】笔者在实践中发现，当背景音的音量为前景音的音量的 20% ～ 30%

时，前景音便不受背景音的干扰，同时背景音的烘托作用也能充分地发挥出来。

5. 版权和合法性

选择音效时需要注意版权问题，尽量选择版权公开或已经授权的音效。如果使用受版权保护的音效，那么需要获得版权所有人的授权。

6. 测试和调整

在最终确定音效之前，可以尝试将不同的音效和图片素材同时播放，观察音效与图片素材是否搭配。可以根据短视频的主题、图片的意境特点不断更换音效，直到找到最合适的音效。

本案例采用舒缓的古风音乐作为背景音，确保其能很好地与图片相融合，为观众提供不一样的视听感受。在声音素材网站中搜索古风音乐的结果如图 7-24 所示。

图 7-24　在声音素材网站中搜索古风音乐的结果

六、录屏与快速剪切

本案例用 AI 平台生成图片，经处理后插入演示文稿中，在演示文稿中生成页面切换动画和页面内视觉元素动画，然后用录制屏幕的方式把视觉和听觉元素融合成一个完整的视频，再在特效软件中加入特效，生成最后的成品视频。

1. 录屏工具的选择

现在有各种各样的录屏工具，它们的功能与使用方法都差不多。在试用了十几款录屏工具之后，笔者最终将 WPS 内置录屏工具作为首选，它的功能与特点可总结为如下 6 点。

（1）操作简单

WPS 内置录屏工具的操作非常简单，只需几步即可完成录制，支持快捷键操作（这一点非常重要，因为在录制的时候，需要同时进行演示文稿切换，按F7键就能开始或结束录屏，非常方便）。

（2）支持多种录制方式

支持全屏录制，即可以录制整个计算机屏幕的内容；也支持自定义录制区域。在录制短视频时，因为画面长宽比不同，所以采用的是自定义录制区域的方式。

（3）可设置音频来源

可以设置录制的音频来源，如系统声音、麦克风声音等，并且可以调整画质，如分辨率、比特率等。在使用已经录好的音源时，应将音频来源设置为"系统声音"，否则会把不应该出现的麦克风声音录制进去，从而形成杂音。

（4）可快速剪辑

每次录制完成后，单击"编辑"按钮就可以跳转到快速剪辑界面，用户可以马上对刚录制的视频进行快速剪辑，去掉不需要的部分。

（5）稳定性高

WPS 内置录屏工具的稳定性较高，不易出现崩溃或卡顿等问题。

（6）不需要单独外购

WPS 内置录屏工具为付费会员均可使用的工具，不需要单独购买，这也是笔者选择它作为首选录屏工具的重要原因之一。

2. 画面与音效彩排

【注意】在正式开始录制之前，应该同时播放演示文稿和背景音，进行画面与音效的彩排，使音效、画面保持良好的同步。

彩排能避免在正式录制时因为手忙脚乱而导致演示文稿播放速度过快或过慢，使短视频的画面和音效不同步，从而产生无法达到预期效果的情况。

3. 正式录制

彩排之后音效和画面就会比较协调了，此时就可以正式开始录制。准备好演示文稿，按F7键，开始录制，用手动或自动切换页面的方式播放演示文稿，这样就可以将画面和音效同时录制到视频中，如图 7-25 所示。

【技巧】在正式录制的时候可以打开录屏工具的倒计时功能，这样在按F7键后的3秒时间内，可以进行演示文稿切换等操作，使录制有条不紊，减少录制时的失误。

在录制结束之后，播放录制的视频，观察画面和音效是否协调、同步等。如果出现严重的不同步，就需要重新录制。如果片头、片尾有杂乱的内容，可单击录屏工具的"编辑"按钮，在打开的界面中拖动视频时间轴上的三角形标记，使不需要的片头或片尾在两个三角形标记之外，这样就实现了对片头和片尾的快速剪切，如图 7-26 所示。

图 7-25　将画面和音效同时录制到视频中

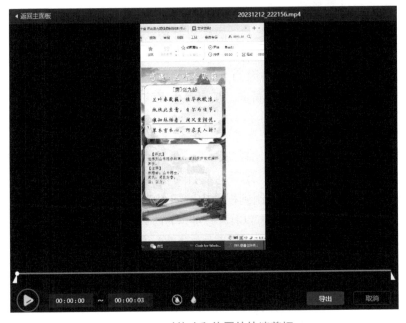

图 7-26　对片头和片尾的快速剪切

七、添加特效

至此，短视频的主体部分已经制作完成，现在我们已经拥有一个具备片头、主要内容、片尾、音效等的短视频。然而，这个短视频还缺乏亮点。此时给短视频加上一些炫酷的特效，能让其视听效果更为理想。这里使用剪映专业版软件添加特效。

1. 导入短视频

打开剪映专业版软件，单击"导入"按钮，将短视频导入软件中。将短视频文件拖动到时间轴上，如图 7-27 所示。

图 7-27 将短视频文件拖动到时间轴上

2. 添加特效

切换到"特效"选项卡，可以看到大量的特效选项，选择特效后可以进行预览。因为特效非常多，逐个寻找十分麻烦，所以可以在搜索框中输入"落叶"，迅速找到相应特效，选中它，并将其拖动到时间轴上，将其长度改为与视频长度一致。添加"落叶"特效，如图 7-28 所示。

添加"落叶"特效后，可以修改落叶的速度，以及落叶的不透明度，我们可以根据实际情况进行参数调整，如图 7-29 所示。

图 7-28　添加"落叶"特效　　　　　图 7-29　"落叶"特效的参数调整

3. 预览特效

调整好特效之后，单击"播放"按钮，就可以预览为短视频添加特效之后的效果，预览效果如图 7-30 所示。

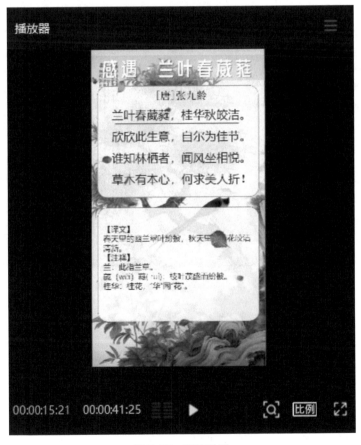

图 7-30　预览效果

4. 导出添加特效后的视频

打开"文件"菜单，选择"导出"，进入"导出"界面，如图 7-31 所示。勾选"封面添加至视频片头"选项，因为通常视频第一帧的效果并不好，所以最好将自己精心设计的封面图片指定为片头。

图 7-31 "导出"界面

导出视频后，在指定的文件夹中找到视频，播放视频，就能看到添加特效后的视频了。

【注意】一般视频导出后不会有什么问题，但为了保险起见，此时仍然需要播放添加特效后的视频，观察是否有丢帧、音画不同步等问题，这样能保证添加特效后的视频成品的质量。

播放视频后如果没有发现什么问题，就可以将其上传至各大短视频平台，这时候你就可以体验到短视频带来的乐趣了。

第八章

用 AI 快速制作短视频

第一节　用虚拟人制作短视频的流程

虚拟人（或称"数字人"）是近几年迅速发展的 AI 技术产物，它结合了先进的图像处理技术、人脸识别技术、虚拟现实技术、语音合成技术、视频合成技术等多项 AI 技术，能够以假乱真。

虚拟人现在已经开始用于短视频制作、视频课程制作等。用虚拟人制作短视频的流程主要有如下 5 步。

一、确定主题和生成文案

首先需要根据需求选择合适的主题，以便进行短视频的创作。在确定主题之后，可利用 AI 平台（如豆包、文心一言、Kimi 等）自动生成与主题相关的文案。这些文案主要用于生成声音和字幕。

二、制作虚拟人

有了主题和文案之后，需要制作虚拟人。虚拟人最关键的就是形象，需要根据主题、目标受众以及应用场景来设计虚拟人的容貌、服装和发型等细节。

虚拟人的来源有两种：一种是由虚拟人平台提供，另一种是用图片生成。图片可来自 AIGC 文生图，这样生成的虚拟人往往美观、大方，能够吸引观众的眼球。

三、短视频生成

利用平台提供的渲染引擎对虚拟人的形象和声音进行渲染和合成，生成高质量的短视频。这个步骤省去了真人录制视频的过程，全程由 AI 调用算力完成，大大节省了制作短视频的人力成本。

四、后期制作

如果对生成的短视频比较满意，可以直接发布。如果希望效果更好，就需要进一步编辑和优化，如添加特效、调整色彩、添加水印和版权信息等。

五、导出和发布

将编辑完成的短视频导出为常见的 MP4 格式之后，就可以将其上传至各大自媒体平台进行宣传和推广了。

■ 第二节　用虚拟人主播平台生成播报视频

一、虚拟人主播平台

利用虚拟人代替真人进行播报是 AI 实际应用中的一个亮点，极大地解放了生产力，实现了重复性工作的自动化。国内提供虚拟人主播的平台有很多，这里推荐两个优秀的虚拟人主播平台。

1. 讯飞智作

讯飞智作的功能比较全面，支持多人在线协同工作，基本上覆盖了虚拟人播报的所有需求。它支持音、视频一键生成，拥有多形象、多音库，能进行多功能编排，为用户提供了灵活和一体化的功能体验。

讯飞智作的操作方法比较简单，在首页的"AI 虚拟主播"导航栏中选择"虚拟人视频【纯净版】"或者"虚拟人视频【专业版】"，进入编辑界面，按提示进行操作即可。

2. 闪剪

闪剪也是一款虚拟人应用，提供了虚拟人播报等功能。其功能和操作方法与讯飞智作类似。

二、生成虚拟人播报视频

生成虚拟人播报视频很简单，只要选择虚拟主播，设定播报文本，由 TTS 合成语音或自选语音，就可以轻松生成虚拟人播报视频了。

1. 用讯飞智作生成虚拟人播报视频

下面以讯飞智作纯净版为例，介绍生成虚拟人播报视频的基本步骤。在文本框中输入播报文本，选择一个合适的主播，就可以直接生成一个虚拟人播报视频了，操作非常简单和直观。讯飞智作虚拟人界面如图 8-1 所示。

图 8-1　讯飞智作虚拟人界面

在右侧功能栏中可以调整虚拟人的声音、视频的背景等，操作也比较方便，讯飞智作虚拟人界面的功能栏如图 8-2 所示。

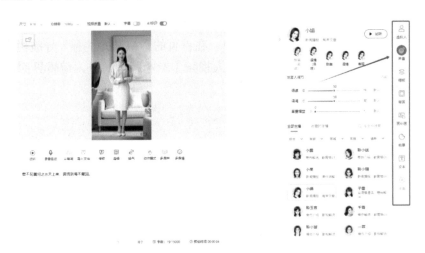

图 8-2　讯飞智作虚拟人界面的功能栏

2. 用闪剪生成虚拟人播报视频

进入闪剪主界面后，可以看到很多模板，如图 8-3 所示。

图 8-3　闪剪主界面的模板

　　单击"口播视频"，进入下一级界面。单击"新建文档"按钮，进入虚拟人主播编辑界面，如图 8-4 所示。编辑界面非常直观，操作简单，基本可以分为选择主播、输入文案、导出视频 3 个步骤。在界面左侧还有一些个性化的功能，例如替换背景、添加音乐等，这里就不做具体展示了。

图 8-4　虚拟人主播编辑界面

第三节　用图片或视频生成个性化短视频

　　标准化的虚拟人主播平台提供的主播不是个性化的，而是内置的标准主播。

如果要生成指定主播形象的短视频，那么该怎么办呢？现在 AI 实现了只要上传图片或视频，就可以生成自定义的播报视频的功能。

一、图片或视频转数字人平台

提供图片或视频转数字人功能的平台大约有十几种，国外有 D-ID、HeyGen、CrazyTalk 等，但这些平台在国内不方便使用，因此这里推荐两个国内常用的图片转数字人平台。

1. 万彩 AI

万彩 AI 提供图片转数字人技术，能够一键让图片"开口说话"，笔者试用后发现其转换的数字人声音与嘴型同步，效果真实自然；数字人能眨眼、能转头，高度还原了真人说话时的姿态。

万彩 AI 对卡通形象、AI 文生图的兼容性比较强，可以把拟人化的卡通形象和 AI 生成的图片转换为数字人，但是其对单次生成的视频时长和使用次数有限制。

2. 闪剪 App

闪剪 App 提供了视频转数字人技术，用户可以用自己的视频生成数字人。

闪剪 App 生成的数字人也比较自然，而且它对生成的视频时长限制较小（按时长计费）。但它对拟人化卡通形象的兼容性较差，如果识别不出人脸，就无法生成数字人。

需要说明的是，由图片或视频生成数字人好像很简单，但其技术含量并不低，而且需要消耗大量的服务器算力，因此目前国内外均没有完全免费且效果理想的图片或视频转数字人平台。

二、用图片或视频生成个性化短视频的步骤

1. 用万彩 AI 生成 AI 数字人

打开万彩 AI 网站，进入制作界面，单击"上传照片"按钮，导入带有人像的图片。如果没有图片，也可以使用网站推荐的数字人的图片，万彩 AI 的制作界面如图 8-5 所示。

导入图片之后，输入文字内容，在配音角色列表中选择合适的配音角色，如图 8-6 所示，单击"立即生成"按钮，即可开始生成视频。如果感觉网站自带的配音没有合适的，也可以上传自己录制或合成的声音文件。

图 8-5 万彩 AI 的制作界面　　　　　　图 8-6 选择合适的配音角色

　　将图片、文字、声音合成为短视频，该过程需要一段时间，生成后可以预览和下载短视频，预览和下载界面如图 8-7 所示。

图 8-7 预览和下载界面

2. 用闪剪 App 生成定制数字人

　　登录闪剪 App 后，在首页选择"免费定制"。点击加号上传一段说话视频，由系统提取视频中的音频，然后就可以生成定制数字人了，其编辑界面如图 8-8 所示。

图 8-8　闪剪 App 的编辑界面

　　输入文字后，开始生成视频，等几分钟之后，就可以获得由数字人生成的定制化视频了，并且可以下载生成的数字人视频。读者可以把生成的视频下载到手机中，对视频进行二次编辑后再发布。

第四节　用 AI 生成酷炫短视频

一、AI 视频创作方兴未艾

　　在影视创作工作中，视频创作是一个重要环节，因为它决定了作品的最终呈现效果。传统的影视制作是一个极其复杂的系统工程。

　　Sora 的问世为影视创作带来了全新的创作模式、高效的创作过程以及无比卓越的视听想象空间。

　　随着 AI 生成视频应用的快速迭代，其辅助影视制作的能力日益显现，尤其是在短视频和商业宣传片中，运用强大的 AI，可以带来更为丰富多彩的视频效果，相较于非 AI 生成视频应用，AI 生成视频应用具有更卓越的表现力。同时，AI 生成视频应用还大大降低了制作成本和周期。

目前主流的 AI 生成视频应用包括 OpenAI 的 Sora、Stable Diffusion 的 SVD、Animate Diff、Pika、Runway 的 Gen 系列产品、字节跳动的 Dreamina 等。这些创新应用在影视创作领域初露锋芒，就取得了令人瞩目的影响力。展望未来，AI 或将引领更多短视频乃至影片的生成，人类社会将由此迈向一个全新的视听盛宴时代。

二、Gen 系列产品的特性

这里以 AI 生成视频应用 Gen-2 为代表，简要讲解 Gen 系列产品的特性。Runway 是一家专注于推动生成式人工智能领域前沿发展的企业，其核心研究及产品开发专注于利用 AI 创作并优化视觉内容。

Runway 的产品和工具旨在为艺术家、设计师、创作者提供强大的平台，使他们能够轻松地将 AI 技术融入自己的工作中，创造出独特且富有创意的作品。

Runway 的核心产品之一是 Gen-2，这是一款先进的 AI 视频生成工具，它能够根据文本提示或现有图像生成视频内容。Gen-2 的主界面如图 8-9 所示。

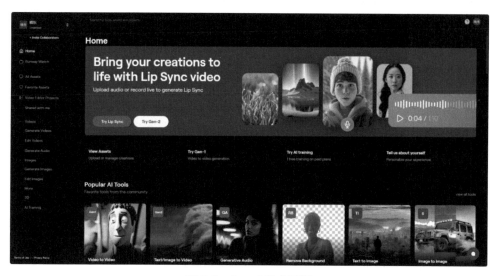

图 8-9　Gen-2 的主界面

Gen-2 的推出标志着 Runway 在将 AI 技术应用于视频制作领域的重要进展。借助 Gen-2，用户可以快速生成高质量的视频片段，这些视频不仅视觉效果出色，而且充满丰富的创意和个性化元素。

Gen-2 的视频界面和笔刷界面如图 8-10 所示。

图 8-10　Gen-2 的视频界面和笔刷界面

1. Gen-2 的主要优势

（1）多样化的模板

Gen-2 提供了丰富的视频风格模板，能满足不同场景下的各种需求。这使得用户可以根据自己的特定需求，快速选择合适的模板并生成视频。

（2）强大的个性化定制能力

用户不仅可以选择现有的模板，还可以通过文本或图片输入自己的创意内容，生成独一无二的视频。这种个性化定制能力为用户提供了广泛的创作自由度。

（3）先进的 AI 模型

Gen-2 引入了更先进的 AI 模型，这些模型能够更好地理解用户的需求，并提供更精确的生成结果。这使得生成的视频和图像质量更高，细节表现与一致性达到了前所未有的高度。

（4）优化的性能

Gen-2 在性能上进行了优化，使得视频生成过程更加流畅和快速，进一步提升了用户体验。

（5）内容过滤器

为了避免生成不当内容，Gen-2 设有内容过滤器，通过 AI 和人工审核的组合来避免生成包括色情、暴力或违反版权内容的视频。

（6）多模态 AI 的体现

Gen-2 不仅能够从文本生成视频，还能从图片生成视频，实现了从文生图到文生视频、图生视频的跨越，代表了多模态 AI 进入新阶段。

（7）易于使用的界面

Gen-2 提供了易于理解和操作的用户界面，使得用户即使没有专业的视频制作技能，也能轻松上手并创建视频。

尽管 Gen 系列产品在 AI 视频生成领域取得了显著成就，但其地位仍受到同类 AI 应用（如 Sora），以及众多新兴 AI 视频创作应用，尤其是国内 AI 视频创作应用的威胁。未来，AI 视频创作应用将更加聚焦于整合视频创作的全工作流程，同时，消费级与专业创作应用将进一步细分，以满足不同用户群体的需求。

2. Gen-2 在短视频创作方面的应用

Runway 的 Gen-2 在短视频创作方面的应用，主要体现在以下 5 个方面。

（1）运动笔刷（Motion Brush）

运动笔刷作为 Gen-2 的一项创新功能，它允许用户通过简单的笔刷功能，为静态图像或视频片段中的特定区域添加可控的运动效果。

这项技术在视频生成和编辑领域具有重要意义，因为它极大地提高了创作者对于视频内容的控制能力，使得视频创作变得更加直观和灵活。

（2）多样化的视频生成方式

Gen-2 提供了多种视频生成方式，包括基于文本生成视频、基于图片生成视频以及图文结合生成视频。这样的多样性使用户可以根据个人的需求和创意偏好，选择合适的视频生成方式。无论是从零开始创作视频，还是基于已有图片来进行视频内容扩展，Gen-2 都能提供强大的支持。

（3）视频后期处理功能

除了视频生成，Gen-2 还提供了一系列视频后期处理功能，如设置视频的运动幅度、添加风格等。这些功能使用户能够在生成视频后进一步优化和调整视频，从而达到更加专业和个性化的效果。

（4）高分辨率的视频输出

虽然 Gen-2 输出的视频的分辨率目前还较低，但 Runway 正在不断改进和发展，以期提供更高分辨率的视频。这对于追求高画质的短视频创作者来说是一个积极的信号。

（5）长视频输出

目前，Gen-2 可生成长达 18 秒的视频内容，这将能够提供更加连贯、流畅的视频创作内容，以后还可以生成时长更长的视频。

通过这些应用，Gen-2 为短视频创作者提供了一款强大的工具，让他们能够快速、高效地创作出具有吸引力的视频内容，无论是个人娱乐、商业宣传还是艺术创作，均得心应手。

随着技术的不断进步和模型的完善，Gen 系列产品将在未来的短视频创作领域中发挥更加重要的作用。

三、Gen-2 的使用

1. Gen-2 界面功能简介

Gen-2 是一个在线 AI 视频生成平台，进入 Runway 的官方网站，单击"Product"选项下的"Gen-2"按钮，进入视频生成界面。

Gen-2 的视频生成界面如图 8-11 所示，左上侧区域为场景静态图片载入区域，可将已生成的静态场景图片载入生成视频，左下侧区域为提示词输入区，提示词可单独使用或者作为图生视频的增强描述，右侧区域为视频浏览区，生成的视频可在此处进行浏览和二次编辑。

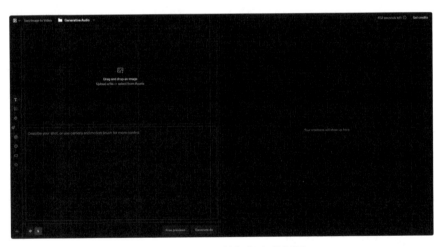

图 8-11　Gen-2 的视频生成界面

最左侧是快捷工具栏，依次为提示词、视频生成设置、镜头设置、笔刷设置、自定义模型设置、视频风格设置、视频比例设置和图层设置。

单击左上侧区域的"Drag and drop an image"，载入静态场景图片，设置提示词、镜头运动方式、画面比例。如果对场景中个别元素有精确运动需求，那么可以使用笔刷功能，对选中的相应元素进行运动方式的设置，笔刷功能支持自动选择和手动描绘选择。Gen-2 的运动笔刷操作界面如图 8-12 所示。

图 8-12 Gen-2 的运动笔刷操作界面

在镜头设置界面中，可设置镜头的运动方式，例如水平、垂直、旋转、拉近或拉远等。Gen-2 的镜头运动设置界面如图 8-13 所示。

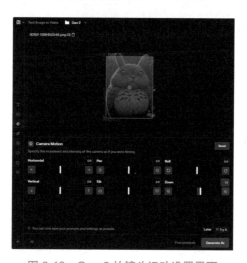

图 8-13 Gen-2 的镜头运动设置界面

2. 用 Gen-2 生成视频

在设置好镜头运动后，单击底部的"Generate 4s"按钮生成视频，Gen-2 的视频生成中界面如图 8-14 所示。

视频生成后，可在右侧区域进行播放，并对视频进行延长生成，或者重新生成。Gen-2 的视频生成完成界面如图 8-15 所示。

图 8-14 Gen-2 的视频生成中界面

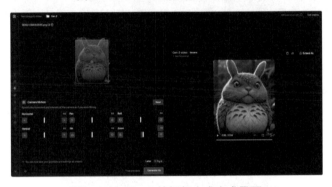

图 8-15 Gen-2 的视频生成完成界面

在生成视频后，可在右上角菜单中进行扩展生成、下载、删除操作，单击左上角的"See full prompt"按钮可以查看该视频的完整提示词。Gen-2 生成的视频如图 8-16 所示。

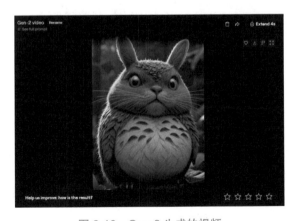

图 8-16 Gen-2 生成的视频

第九章

快速且有效的批量处理工具

■ 第一节 视频批量处理软件

视频处理过程中有很多工作是重复的，如去水印、加片头片尾、改变视频播放速度、加字幕等操作。我们可以使用能批量处理视频的软件来协助我们处理这些单一且重复的工作。这里给大家介绍一款优秀的视频批量处理软件——CR VideoMate。

一、软件主界面

CR VideoMate 是一款功能比较全面的视频批量处理软件，包含去水印、加水印、裁剪、添加画中画、去头（尾）、加头（尾）、变速、添加文本、添加背景音、统一视频分辨率等功能，其主界面如图 9-1 所示。

图 9-1 CR VideoMate 的主界面

这个软件的使用方法比较简单，把视频批量导入软件后，选择需要的功能，设定好参数或使用默认参数，单击"开始处理"按钮即可。该软件为全中文操作界面，功能强大，有很多参数可以设置。下面介绍几个常用的功能。

二、给视频去水印

去除水印应该是最常见的功能需求，下面就从这个功能开始，介绍 CR VideoMate 的强大之处。

1. 准备视频

准备好要去水印的视频，带水印的视频截图如图 9-2 所示。视频的尺寸和水

印的位置最好保持不变，如果水印位置发生改变，需要分别处理。例如水印在右
上角，就要保持水印的大小和位置不发生改变。

图 9-2　带水印的视频截图

2. 参数设置

将要批量处理的视频导入 CR VideoMate 中，并选择"去水印"选项，其界
面如图 9-3 所示。

在"水印方案"下拉列表中选择"自定义区域（1 处）"，单击"选取"按钮，
然后确定去水印的位置。

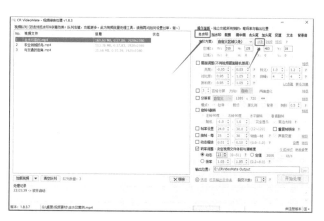

图 9-3　"去水印"功能的界面

第一次使用这个功能的时候，去水印编辑框会比较小，并且默认在左上角。
需要我们手动移动去水印编辑框（见图 9-4）并修改其大小，使其覆盖水印区域
（见图 9-5）。

图 9-4　手动移动去水印编辑框　　　　　　图 9-5　　覆盖水印区域

单击"应用"按钮后，在软件主界面中单击"开始处理"按钮即可，如图 9-6 所示。

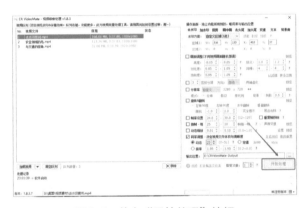

图 9-6　单击"开始处理"按钮

处理后的效果非常不错，去水印效果如图 9-7 所示。

图 9-7　去水印效果

虽然去水印功能非常强大,但是我们应该注意使用该功能的合法性,对某些创作者来说,为视频添加水印是其保护自身权益的一种方式。从版权保护的角度来说,即使水印被去除,有版权的视频依然是受到法律保护的,不能未经授权私自使用。

三、给视频添加文本

给视频添加文本与加字幕有区别,这里将单独进行讲解。

1. 准备视频和要添加的文本

例如给所有的视频都添加李白的一句诗"君不见,黄河之水天上来",原视频截图如图 9-8 所示。

图 9-8 原视频截图

2. 参数设置

打开软件,选择"文本"选项,可以看到只能添加 3 个文本,所以添加的文本并不能代替字幕,添加文本功能的界面如图 9-9 所示。

图 9-9 添加文本功能的界面

我们可以把要添加的文本输入文本框中，然后单击"设置"，初次使用时这一步不能省略，不然文本显示不出来。

字体设置选项如图 9-10 所示，一定要勾选图 9-10 中用红框标记出来的选项，并选择合适的字体与颜色，如图 9-11 所示。

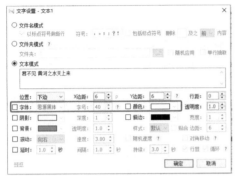

图 9-10　字体设置选项

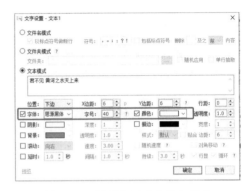

图 9-11　选择合适的字体与颜色

添加的文本效果还是不错的，还可以调整其字号等，添加文本后的效果如图 9-12 所示。

图 9-12　添加文本后的效果

该功能虽然简单，但在某些需求场景下还是很好用的，例如为视频添加说明文字等。

四、统一视频分辨率

当我们处理多个视频素材时，首先要做的就是统一各个视频的分辨率，否则，不同分辨率的视频放在一起剪辑就很容易出现错误。

CR VideoMate 的统一分辨率功能不在功能选项卡中，而在常驻功能区域中。统一视频分辨率的功能区域如图 9-13 所示。

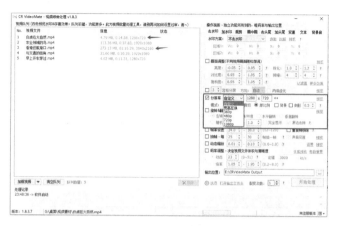

图 9-13　统一视频分辨率的功能区域

在常驻功能区域中勾选"分辨率"选项，可以选择分辨率或者直接输入自己想要的分辨率，然后单击"开始处理"按钮，就可以统一导出分辨率一致的视频了。

第二节　快速给视频添加字幕

视频有字幕和没有字幕带给观众的感受是完全不同的。但是添加字幕确实是一项比较耗时且耗力的工作。我们可以使用带有 AI 语音识别功能的软件，根据视频语音自动匹配字幕，现在这个功能已经比较成熟了。

剪映、VideoSrt 等软件都提供了添加字幕的功能。在实际应用中，剪映的操作更简单。下面就以剪映为例，介绍如何快速添加字幕。

一、利用 AI 语音识别功能添加字幕

对于某些已经录制好但没有添加字幕的视频，我们可以使用剪映的 AI 语音识别功能为其自动添加字幕。

启动软件之后，首先把要添加字幕的视频导入软件中。在"文本"选项卡中选择"智能字幕"，然后单击"开始识别"按钮，即可智能添加字幕，如图 9-14 所示。

图 9-14　智能添加字幕

字幕识别速度和网速有关，如果识别失败，那么可以检查网络后再次尝试，字幕识别界面如图 9-15 所示。

图 9-15　字幕识别界面

成功添加字幕后，可以在播放器右侧对已经添加的字幕进行调整，如图 9-16 所示，例如修改文本内容、调整字体颜色和字号等。

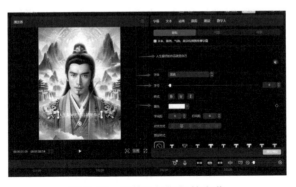

图 9-16　调整已经添加的字幕

二、利用已有文稿自动匹配字幕

剪映还提供了另一种智能匹配字幕的方法，即利用已有文稿自动匹配字幕。由于在制作短视频时，我们通常会先写配音稿（或称逐字稿），因此我们也可以利用配音稿直接给视频添加字幕。

导入视频后，在"文本"选项卡中选择"智能字幕"，然后单击"开始匹配"按钮，如图 9-17 所示。

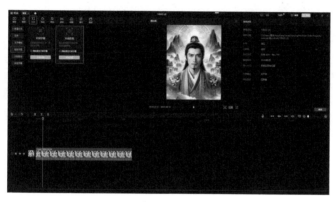

图 9-17 单击"开始匹配"按钮

进入文稿编辑界面，如图 9-18 所示，将对应文稿的内容粘贴进文本框中。

图 9-18 文稿编辑界面

单击"开始匹配"按钮，系统即可根据视频语音自动和文稿内容进行匹配，匹配效果如图 9-19 所示。

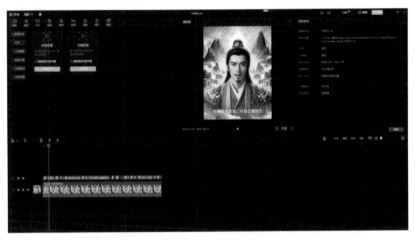

图 9-19　匹配效果

这两种方法可以快速添加字幕，减少大量重复劳动。

第三节　快速生成图片轮播短视频

一、图片轮播短视频简介

图片轮播短视频是一种通过技术手段无缝切换和展示多张静态图片或动态图片的短视频。它以快速、流畅的方式切换图片，从而产生一种连续的视觉效果。这些图片一般会按照特定的主题、故事情节或情感线索进行排列组合，再通过音乐的配合和适当的特效给观众提供良好的视听体验，在抖音、快手等短视频平台中，存在大量这种类型的短视频。

制作图片轮播短视频需要选择合适的图片素材，并对其进行适当的剪辑和处理，再添加音乐和特效，以获得最佳的视听效果；还需要考虑观众的观看体验，控制好图片切换的速度和节奏，避免过快或过慢，保持视频的流畅性和连贯性。

二、用音乐和图片制作轮播短视频

用音乐和图片制作轮播短视频需要进行多张图片的切换，这是一个比较烦琐的工作，尤其是在图片数量较多时会消耗很多精力。

这里向读者推荐一款工具 CR MVMixer，它可以批量制作轮播短视频，其主界面如图 9-20 所示。

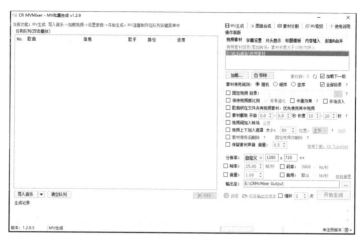

图 9-20　CR MVMixer 的主界面

打开软件并导入音频后，切换到"图音合成"界面，如图 9-21 所示，单击"图片文件夹"文本框后的按钮，选择图片文件夹，单击"开始生成"按钮即可。

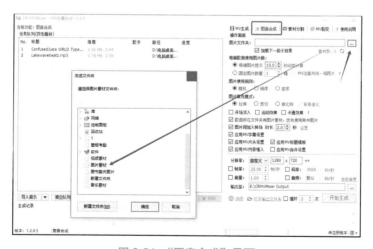

图 9-21　"图音合成"界面

该软件的使用非常简单，从自媒体传播需求来看，的确可以节省大量制作短视频的人力成本和时间成本，生成的图片轮播短视频的效果如图 9-22 所示。

图 9-22　生成的图片轮播短视频的效果

三、MV 裂变

当我们编辑好图片轮播短视频之后，可以进行批量拆分，该操作有益于媒体传播。该软件的 MV 裂变功能能实现视频的快速分段。

选择"MV 裂变"功能后，在左上角"素材目录"区域输入音频素材和视频素材的路径，两个路径缺一不可。设置素材路径，如图 9-23 所示。

对于歌曲选取规则，勾选"每个视频长度不小于 120 秒"选项，这个选项是指批量导出的视频的时间长度，可以根据实际需要输入合适的时间长度。

对于生成视频数量，读者可以控制生成视频的数量，这里根据需要输入相应数字即可。

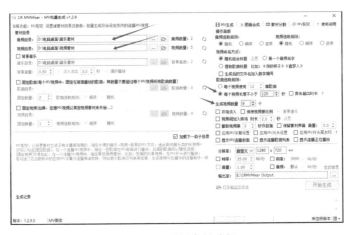

图 9-23　设置素材路径

设置好右侧参数后，单击"开始生成"按钮，即可批量拆分图片轮播短视频了，拆分效果如图 9-24 所示。

图 9-24　拆分效果

第四节　多账号批量发布内容软件

通过前面的内容，我们已经可以快速制作短视频了。现在我们需要一款可以在多平台快速发布短视频的工具，这类工具不少，此处以小火花自媒体助手这款软件为例，介绍这类工具的功能。

一、账号批量注册

自媒体平台有很多，逐一注册需要花费很多时间，也不方便管理账号。小火花自媒体助手能够批量注册账号并进行统一管理，非常便捷。

打开软件，切换到"批量注册"选项卡，输入账号、密码等信息后就可以批量注册自己需要的自媒体账号，如图 9-25 所示。

图 9-25　批量注册自己需要的自媒体账号

二、添加账号

如果有已经注册好的自媒体账号，可以批量添加这些自媒体账号，如图 9-26 所示。

图 9-26　批量添加自媒体账号

可以逐一添加账号和密码，也可以使用 Excel 表格批量添加，该软件提供了可供批量添加账号和密码的 Excel 表格模板，如图 9-27 所示。

图 9-27　Excel 表格模板

三、一键分发

在做好这些准备工作，并编辑好内容之后，我们可以一键分发内容到多个自媒体平台。"一键分发"功能在"工作台"选项卡的底部，如图 9-28 所示。

图 9-28 "一键分发"功能

这款软件除了提供了一键分发功能，还提供了多种 AI 功能，如图 9-29 所示，可以加快用户的创作速度，尤其是文字 AI 和图片 AI 功能，可以快速地提供文案内容或与文章内容相符的图片。

图 9-29 多种 AI 功能

第十章

让每个人都有数字分身

第一节　什么是数字分身？

一、形象理解数字分身

"数字分身"也称"数字人分身""AI 数字分身""分身数字人"等，是虚拟人和 GPT 技术相结合而产生的新型 AI 形态。

通俗地说，数字分身就是利用数字技术对现实世界中的人进行数字化塑造，构建其在数字世界中的数字人格、形象和行为，因为它能替代真人的部分工作，具有"分身"的特点，所以被称为"数字分身"。

数字分身用到的技术非常多，核心技术主要包括以下两个。

1. 虚拟仿真技术

数字分身的外在呈现形态是利用深度神经网络进行图像合成、高度拟真的虚拟人。数字分身是神经网络渲染技术能力的一个具象化体现，具备高效的内容生成能力，可以快速复刻真人形象，高度还原人物相貌、表情和行为。

数字分身凭借"以假乱真"的声音、形象等，正在跨界 AI、自媒体、等多个领域中广泛应用，并在越来越多的垂直领域细分赛道的应用场景中出现。

2. 多模态交互技术

AI 领域的一个关键技术创新是"多模态生成式 AI"，借助多模态生成式 AI，系统能处理文本、图片、视频、声音等多种输入信息，并对它们进行综合理解。

随着多模态交互技术的不断发展，AI 将迎来更加复杂和多样化的交互场景，能够在智能办公、智能商务、智能教学、智能社交等领域开辟出全新的应用空间。

二、数字分身的发展阶段

数字分身经历了概念设想和实际应用两个发展阶段，下面做简单介绍。

1. 概念设想

数字分身的概念早在计算机技术发展初期就已出现，泛指用户或用户角色在数字空间中的可视化和智能化呈现。但是当时相关技术还不够发达，因此其长期停留在概念设想阶段，并没有形成实质性的产品，也并没有得到广泛的应用。

2. 实际应用

近几年，数字分身的仿真程度、交互能力和应用场景不断扩展，与真实世界的交汇也日益明显。尤其是这几年 AI 技术突飞猛进，数字分身也凭借越来越逼真的形象、愈发丰富的情感等，在越来越多的垂直领域细分赛道的应用场景中出现，受到越来越多的重视。

GPT 技术的突破使得 AI 具有与人接近甚至超过普通人类的智能，数字分身开始渗透到人们的生活中，在新闻、娱乐、教育、商务等领域发挥着越来越重要的作用。

例如 2023 年江西日报社推出"AI 记者"，此数字分身由江西报业传媒集团赣商传媒、江西新闻客户端、新参考文摘联合打造并投入应用，以 AIGC 的多模态自动化生产能力为基础，基于赣商传媒记者的原声原型塑造，7 天 ×24 小时全天候在线，具备与多人同时交流互动的能力。

三、数字分身的分类

数字分身可以归纳为以下 3 种类型。

1. 会话型数字分身

会话型数字分身是一种基于 GPT 技术的数字分身，它并不强调炫酷的外形，主要用文本或语音与用户进行会话，并能根据用户的输入生成相应的回复文字。

会话型数字分身的主要特点和能力如下。

（1）自然语言处理

会话型数字分身可以理解用户输入的自然语言，并根据语言内容和语境生成相应的回复文字。它可以理解用户的问题、请求、建议等，并生成相应的回答。

（2）个性化回复

会话型数字分身能根据历史对话记录和用户的个人信息生成个性化的回复。它可以根据用户的偏好、兴趣、行为等生成符合用户需求的回复文字。

（3）多模态交互

会话型数字分身能与用户进行多种模态的交互，例如文本、语音、图像交互等，可根据用户的需求和偏好选择合适的交互方式。

（4）自主学习能力

会话型数字分身可以通过自主学习不断提高自己的能力和表现，能通过分析与用户的对话记录和用户的反馈不断优化自己的回复策略，提升自己的语言表达能力。

用户可以根据不同的需求和任务对数字分身进行配置，使其适应特定的场景。数字分身可以同时处理多个任务，并且可以 7 天 ×24 小时不间断工作，有较高的工作效率和较强的响应能力，可广泛应用于各种与人打交道的场景。

2. 拟人型数字分身

拟人型数字分身以虚拟人的形象呈现，具有类似人类的外观和行为，可以通过图像、动画或虚拟现实技术来实现。其主要能力和特点如下。

（1）交互能力

拟人型数字分身可以与人类进行交互，例如通过自然语言处理技术与用户进行对话，理解他们的问题和需求，并提供相应的回答和帮助。

（2）个性化定制

用户可以对拟人型数字分身进行个性化定制，包括外观、声音、性格特点等，以更好地代表特定的人物或品牌。

（3）多模态交互

拟人型数字分身还支持多模态交互，如语音、表情、动作等，能提供丰富且自然的交互体验。

拟人型数字分身可以运用在客户服务、导游、购物、解说、教育培训和娱乐等场景。它们可以提供个性化的服务和支持，与用户建立更亲密的联系。

3. 任务型数字分身

任务型数字分身是一种能够执行特定任务（如客户服务、自动化流程、数据分析等）的分身，如图 10-1 所示。

任务型数字分身的一种应用形态是应用代理，即在大语言模型支持下的高级多模式代理，它具备掌握和运用各类应用程序以执行复杂任务的能力。应用代理通过直观的点击和滑动手势与应用程序互动，能够模拟人类的行为进行操作。简而言之，应用代理能够学习用户操作手机的方式，自主完成各类任务。只需要告知应用代理你的意图，它就会自动打开相应的应用程序，执行相应的操作，例如发送电

图 10-1　任务型数字分身能执行特定任务

子邮件、执行其他特定操作等。

任务型数字分身虽然可以模拟人类的一些行为，但它们仍然受到技术和算法的限制，无法完全具备人类的智慧和判断力，因此，可以负责业务处理、自动化流程、教育培训等工作。

它可以提高服务质量、降低成本、提升用户体验，尤其适用于需要处理大量重复而难度不高的工作场景。

■ 第二节　数字分身技术实例

一、小冰数字人

2019 年，北京红棉小冰科技有限公司（简称小冰公司）率先提出了数字人（AI Being）概念，并基于全球领先的 AI Being 小冰框架推出了数字专家和数字员工等完整产品线，从数据采集、训练到上线，最快仅需数小时。小冰数字人系列如图 10-2 所示。

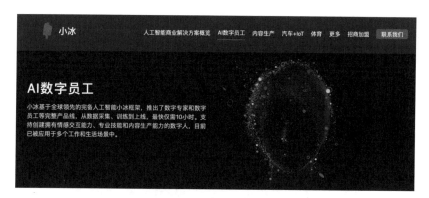

图 10-2　小冰数字人系列

小冰数字人具有不同的性格特征、态度观点、生物学特征、创造力、知识和技能，兼具情感交互能力、专业能力和内容生产能力，并可应用于多个行业。

小冰数字人是指创作者在经过身份认证之后，可以通过小冰框架克隆自己并向大众发布。数字人具备创作者本人的性格、记忆、知识、声音与容貌，可以自由对话、生成照片与视频、实现群体生活。2023 年，在小冰数字人完成测试以后，诸多"大 V"纷纷入驻，部分头部创作者已经据此实现了"个人 AI 年入百万"的目标。

小冰公司前身为微软（亚洲）互联网工程院人工智能小冰团队，在开放域对话、多模态交互、超级自然语音、神经网络渲染和内容生成领域居于领先地位。结合小冰深度神经网络渲染技术、神经网络语音合成等技术，数字人的声音、面容、表情、肢体动作都达到了栩栩如生的效果。

二、数字分身

随着 AI 技术的飞速进步，当前数字分身正在迅速普及，语音合成、实时视频、智能问答等技术迅速成熟，其应用前景正变得越来越广阔。

数字分身正迅速在多个领域普及，能够满足电商带货、赛事解说、娱乐播报、短视频制作、视频课程制作等应用场景的需求。例如，数字分身主播是一种新形态，即用虚拟人主播代替传统真人主播。数字分身主播由先进的 AI 和虚拟人技术打造，其形象、声音、动作都非常逼真。

另外，数字人教师作为现代科技与教育领域相结合的一项创新成果，以其独特的优势解决了视频课程制作难的问题。图 10-3 展示了场景视频平台推出的数字人教师与视频课程合成界面。用户可以非常方便地将 PPT 和数字人结合，生成高质量的视频课程。

图 10-3　场景视频平台推出的数字人教师与视频课程合成界面

在图 10-3 中，用户能够根据预设的文字脚本，自动生成具有连贯性和一致性的视频课程内容。这种自动合成的方式，大大提高了合成效率，降低了人力成本，同时也保证了视频合成的效果和质量。

此外，数字人教师还具备灵活定制的特点。教育机构和教师可以根据自己的需求，定制符合自己风格的数字人教师形象和声音，甚至达到以假乱真的效果。